Florian Gold

Häuptling oder Indianer

Selbst.Bewusst.Führen.® für Führungskräfte in einer modernen Arbeitswelt

Das Buch zur Seminarreihe

Illustrationen:
Thomas Schönbrunn,
teilweise nach Motiven von
Albert Alessandro Uderzo, Walt Disney,
Charles M. Schulz und Dik Browne

3. Auflage 2023

97909 Stadtprozelten, Deutschland

ISBN: 978-3-946931-03-4
www.yggdrasil-verlag.de

YGGDRASIL VERLAG

Der Autor

Florian Gold ist Unternehmer, Berater, Trainer und Keynote Speaker aus Leidenschaft. Seit 2008 führt er als geschäftsführender Gesellschafter die Gold Unternehmensentwicklung GmbH. Mit dem eigenen Personalentwicklungskonzept Selbst.Bewusst.Führen.® und seinem Beratungsansatz Value.Driver.® begleiten er und sein Team Unternehmen zu allen komplexen Fragen der Unternehmens-, Organisations-, Führungskräfte- und Mitarbeiterentwicklung. Sein großes Thema dabei: Wie fokussiere ich mich als Unternehmer, Führungskraft oder Mitgestalter auf das Wesentliche und die Umsetzung, gerade in Zeiten des Wandels und unter herausfordernden Bedingungen?

Florian Gold hat seine Themen durch viele Perspektiven betrachtet und die Erkenntnisse aus der Unternehmenspraxis, der Forschung und seinen Beobachtungen gebündelt. Durch vielfältige Erfahrungen in mittelständischen Unternehmen, u.a. als langjähriger Personalleiter und Mitglied des Management- sowie Strategiekreises im Maschinenbau und als selbstständiger Unternehmer, weiß er, wo bei vielen Unternehmen der „Schuh wirklich drückt". Florian Gold hat Betriebswirtschaftslehre studiert sowie Ausbildungen und Zertifizierungen zum Trainer, Coach und Organisationsberater absolviert.

Mit seinem Buch „Häuptling oder Indianer „Selbst.Bewusst.Führen.® für Führungskräfte in einer modernen Arbeitswelt" leistet er einen Beitrag zum Thema Führung, welcher weniger auf theoretische Ansätze, sondern mehr auf das Selbstverständnis der Führungspersönlichkeit abzielt. Aus den gesammelten Erfahrungen des Autors ergeben sich pragmatische, verständliche und sofort umsetzbare Tipps für die tägliche

Führungspraxis. Florian Gold gibt mit seinen teilweise provokanten Themen einen Anstoß zum Überdenken der bisherigen Führungspraktiken und von eingefahrenen Wegen. Die Zeiten haben sich deutlich geändert und stellen neue Anforderungen an die Führungskraft der Zukunft. Das Buch dient nicht nur als Ergänzung seiner Trainings und Workshops, sondern insbesondere auch als Vorbereitung auf das kommende und veränderte Führungsverhalten und die seitens der Unternehmen neu definierte Erfolgsorientierung in sich täglich wandelnden und nicht mehr vorhersehbaren Marktverhältnissen.

Weitere Informationen: www.team-gold.de

Praxisgeprüfte Inhalte

Ouvertüre

Es ist noch still im Saal der Betriebskantine, die bis zum letzten Platz besetzt ist. Im Publikum unterhält sich die auserlesene Zuhörerschaft aus Kunden, Lieferanten, Share- und Stakeholdern, Wirtschaftspolitikern, externen Beratern und Musikkritikern in angemessener Lautstärke. Sie fragen sich, welches Werk wohl heuer zum traditionellen Neujahreskonzert gegeben wird. Einige meinen, es könnte wohl wieder Beethovens Ode an die Freude geschmettert werden oder vielleicht auch Wagners Ritt der Walküre. Nur eine Minderheit der geladenen Gewerkschafter vertritt die Ansicht, dass es doch wohl jetzt an der Zeit für Johann Strauß' Zigeunerbaron oder Rózsas Dieb von Bagdad wäre. Ein offenbar bereits etwas angeheiterter Aktionär stößt allerdings ein wenig auf: „Die solln's bloß nicht widder vergeig'n wie im letzt'n Jahr!"

Alle haben sich wie immer schick in VIP-Schale geworfen. In ihre Schale geben sich auch die Vertreter aus Lokalpresse und Regionalfernsehen an den Ecktischen noch etwas, und zwar einen zweiten Möet Chandon oder einen dritten Kir Royal.

Dann betreten nach und nach die Musiker die Bühne und nehmen ihre Plätze streng nach der orchestralen Ausrichtung ein. Das hauseigene Orchester aus Angestellten in der Verwaltung und Lohnempfängern in der Produktion aus den Werken I und II sind als die „Vielharmoniker" regional bekannt. Die Violinen aus dem Call-Center sind noch etwas verstimmt, aber worüber nur? Die Damen finden anfangs weder den richtigen Ton, noch zusammen. Tja so ist es wohl auch im alltäglichen Betriebsablauf des richtigen Lebens. Nun betreten die Abteilungsleiter das Podest, allesamt Bläser, Posaunisten und Trompeter. Deren Einstimmung auf das nachfolgende Spektakel ist ebenso schräg wie laut. Hier wird im Vorfeld schon rücksichtlos die Fanfare geschmettert, genauso wie vor den Toren von Jericho, den Gladiatorenwettkämpfen im alten Rom oder den regelmäßigen Montagsbesprechungen der Führungselite. Als tragende Instrumente spielen, wie immer, die Gruppenleiter Cello und Bass. Mal spielen sie Bass, mal spielen sie besser. Mit einem infernalischen Paukenschlag gibt der Produktionsleiter aus Werk I zu erkennen, dass er bereit ist, für den richtigen Rhythmus zu sorgen.

Mit einem Mal herrscht Stille.

Das Betriebsorchester verstummt und wartet nun auf seinen Einsatz. Die Lichter im Odeon der Betriebskantine werden nach unten gedimmt. Die Streicher aus dem Controlling-Bereich können ihre Notenblätter kaum mehr erkennen. Das gilt ebenso für die Mitarbeiter aus der Buchhaltung am Glockenspiel und an den Triangeln.

Gebannte Stille ergreift den Saal. Alles wartet jetzt nur noch auf einen.

Und dann ist es soweit.

Souverän und aufrecht, erhobenen Hauptes, mit schickem Frack und Fliege betritt er das Pantheon der Realität. Der Geschäftsführer benutzt wie immer den seitlichen Flügel für seinen Auftritt, hell erleuchtet von Spotlights, die seine Schritte zur Bühnenmitte begleiten und ihn an die Front des weiteren Geschehens führen. Das Publikum verharrt gebannt, das Orchester wartet demütig auf die Eröffnung durch Ihren CEO. Dieser wendet sich zunächst mit einem kritisch-bohrenden Blick an die Gäste des heutigen Abends. Etwas beinahe Magisches umgibt ihn. Er wirkt von innen heraus und strahlt dabei eine Gelassenheit und eine innere Ruhe aus, die alle Gäste und Musiker ehrfürchtig und erwartungsvoll ergreift und zu ihm aufsehen lässt. In seiner Aura liegt ein unvergleichliches Charisma, welches auch den vehementesten Kritiker zum Schweigen zwingt.

Eine wahrliche Führungspersönlichkeit wie sie im Notenblatte steht.

Langsam wendet er sich um zu seinen Musikern und hebt den rechten Arm mit dem Taktstock des Chefdirigenten.

Die Trompeten beginnen ihren Einsatz und schnell ist jedem klar, es handelt sich um Verdis Triumphmarsch aus Aida. Das passt wahrlich zu dem vorläufigen Jahresabschluss des Unternehmens. Es könnte sich dabei zusätzlich um eine Anspielung auf die gewonnenen Zuliefer-Großaufträge aus dem Bereich Luxus-Kreuzfahrtschiffe im 3. Quartal handeln.

Jedenfalls dirigiert der Chef gar meisterlich das ganze Ensemble. Seine Augen gleiten über die Partitur. Er scheint jede Nuance, jeden Ton, jede Harmonie verinnerlicht zu haben. Mit manchmal sanften, kaum merklichen Gesten und Handbewegungen nimmt er Einfluss auf jeden einzelnen Musiker. Bisweilen treibt er jedoch auch mit energischen Bewegungen und mit gezieltem Körpereinsatz die Vielharmoniker zu neuen

Höchstleistungen und frenetischem Stakkato an. Dann wiederum besänftigt er sein Orchester und die leisen, harmonischen Passagen tragen die Zuhörer auf einer leichten Brise über friedvolle Wolken in den Himmel der Entspannung. Wir sind beeindruckt und tief berührt.

Die Personalentwickler am Mischpult der Jobrotation kümmern sich um den richtigen Ton und die Damen aus dem PR-Bereich um das jeweils rechte Licht. Ein Zauber der Klang- und Farbkunst hält den gesamten Saal gefangen.

Doch plötzlich – was ist das nun? Der Chor aus Azubis, Praktikanten und Ferienarbeitern schmettert lautstark den „Gefangenenchor" aus Guiseppe Verdis Nabucco. Ist das Absicht? Das hat doch nichts mit Aida zu tun!? Haben die wohl VERDI irgendwie verwechselt? Der Chefdirigent wirkt kurz irritiert. Doch rasch hat er die Lage wieder im Griff. Mit einem vehementen Cut des Taktstocks und mit geballter Faust bringt er die offensichtliche Meuterei zu einem kompromisslosen Ende. Die Jungsaboteure verlassen mit einem angedeuteten Lächeln auf der Planke nach und nach die Bounty. Sie scheinen sich nicht einmal zu schämen, sie haben nämlich für den Rest des Konzerts Pause.

Schnell ist der Zwischenfall überspielt und unter donnerndem Applaus setzt das Orchester die Aufführung bis zum fulminanten Finale und dem letzten Paukenschlag fort.

Wir können morgen in der hausinternen Mitarbeiterzeitschrift oder in den Pressemittelungen der PR-Abteilung an die Lokalredaktionen nachlesen, ob es uns gefallen hat.

***

Etwas Persönliches vorab

Was bedeutet „Führung" für Sie selbst? Nehmen Sie einen Dirigenten wie Karajan als Führungspersönlichkeit wahr? Nehmen Sie sich bitte ein paar Minuten Zeit und überlegen Sie, welche Menschen Ihnen einfallen, die Sie als Führungspersonen bezeichnen mögen. Ist es möglicherweise Gandhi, der Dalai Lama, John F. Kennedy, Bob Dylan, Steve Jobs, Julius Cäsar, der Trainer eines Fußballvereins, ein General einer Armee, King Arthur oder irgendein heutiger Politiker?

Welche Eigenschaften machen eine Führungspersönlichkeit aus? Ist es der Glaube an eine Idee, die Unbeugsamkeit im Denken und Handeln, der Umgang mit Menschen, das Charisma oder sind es andere Fähigkeiten, welche die Persönlichkeiten, an die Sie vielleicht denken mögen, zu Anführern, Leitern, geistigen oder kraftvollen Vorreitern, in Ihren Augen zu „Führern" macht? Wer führt wen und warum? Welche Menschen haben für Sie Vorbildcharakter? Wem würden Sie gerne folgen wollen? Ist es vielleicht jemand aus Ihrem Unternehmen, zu dem Sie besonders aufschauen oder dem Sie Ihr unbedingtes Vertrauen schenken? Ist es Ihr Partner, Ihre Ehegattin oder Ihr Ehemann, die als Mütter oder Väter stets ein kleines Familienunternehmen leiten? Ob immer erfolgreich oder bisweilen weniger spielt dabei keine Rolle. Im Rahmen meiner Tätigkeit als Personalentwickler, Berater, Trainer und Coach habe ich in den vergangenen Jahrzehnten die unterschiedlichsten Persönlichkeiten an der Unternehmensspitze, im mittleren Management und an der Basis kennen und schätzen gelernt. Dabei fällt mir stets eines auf. Wir alle führen und wir alle werden geführt, ob bewusst oder unbewusst spielt dabei keine Rolle. Auch der Führungsstil ist von Mensch zu Mensch, von Organisation zu Organisation unterschiedlich und hängt im Wesentlichen von der Situation und den persönlichen Prädispositionen, subjektiven Einstellungen und Fähigkeiten ab. Für eine erfolgreiche Führung gibt es daher zwar viele theoretische Denkansätze und Anhaltspunkte, die wir wohl beachten können, jedoch nicht immer leben oder nachahmen müssen. Im Laufe meiner Tätigkeiten für die unterschiedlichsten Unternehmen und Auftraggeber konnte ich eine Unmenge wertvoller Anregungen für die tägliche Berufspraxis gewinnen. Daraus formten sich im Laufe der Jahre einige grundlegende Prinzipien, welche ich Ihnen in diesem Buch preisgeben werde.

„Schon wieder ein Buch über Führung", könnten Sie jetzt denken. Und in der Tat, es vergeht kaum eine Woche, dass nicht wieder ein vermeintlich neues und augenscheinlich revolutionäres Buch über eben jene Kompetenzen erscheint, die wir uns als Führungskräfte unbedingt aneignen sollten. Auch ich selbst gehörte zu jenen Personen, die in Ihrer Gier nach dem ultimativen Novum zur Menschenführung suchten und bei Neuerscheinungen häufig vorschnell zugriffen. Der anfänglichen Euphorie folgte jedoch sehr häufig die ernüchternde Erkenntnis: „Das kenne ich doch schon", und: „Wie soll ich das in der Praxis alles nun täglich umsetzen?" So ist über die Jahre bei mir ein ganzer Schrank voller Führungsbücher gewachsen. Angefangen vom Fish-Prinzip über die Mäusestrategie bis hin zum Pferdeflüsterer für Führungskräfte. Heute stehe ich oft vor den Büchern und bin stolz, so viel an Wissen gesammelt zu haben. Nun gut, eine Bibliothek dient mitunter auch zur Befriedigung der leicht egomanisch angehauchten Bedürfnisse, um zeigen zu wollen, wer man ist, was man weiß und was man kennt. Aber Kennen heißt noch lange nicht Können. Letzteres setzt etwas voraus, das kein Bücherregal schaffen kann: Erfahrung und die Fähigkeit zur Selbstreflexion. Wenn der Bücherschrank so richtig voll ist, fehlen oftmals der Überblick und der Fokus auf das Wesentliche.

Die zunehmende Komplexität der Umwelt können wir nicht verhindern. Es wird auf viele Herausforderungen keine eindeutigen Antworten mehr geben. Umso wichtiger ist deshalb die Rückbesinnung auf das Wesentliche. Viele Führungsbücher beschreiben Prinzipien und zementieren Doktrinen, welche helfen sollen, die richtige Entscheidung zu treffen. Jeder möchte Ihnen sagen, was am besten wann und wo zu tun ist. Ich bitte Sie dagegen, sich darauf zu konzentrieren, was Sie lassen können, nicht was Sie zusätzlich tun sollten. Wenn manchmal die Orientierung fehlt und Sie durch eine Nebelbank mit Ihrem Schiff zu unbekannten Gefilden unterwegs sind, verlassen Sie sich am besten auf Ihre eigene Intuition und Ihre Erfahrung, gerade in den heutigen vielschichtigen und unvorhersehbaren Zeiten. Es geht mir zusätzlich um die Kraft der Zurückhaltung. Führung hat immer auch etwas mit Abstand und Anstand zu tun. Und Anstand heißt eben auch, manchmal Abstand von der Vergangenheit und eingefahrenen Verhaltensmustern zu nehmen.

Und gerade deshalb liste ich Ihnen nun auf, was dieses Buch nicht sein soll und Ihnen nicht bieten will:

Das Werk erhebt keinen Anspruch auf Vollständigkeit und auf Abdeckung aller Führungsfacetten. Ich habe mich bewusst auf die meiner Meinung nach fünf wichtigsten Aufgaben der Führung beschränkt und werde diese mit Ihnen im Detail beleuchten.

Die Inhalte basieren nicht auf wissenschaftlich-empirischen Erkenntnissen, sondern auf praktischen Erfahrungen und Erlebnissen. Insofern lässt sich eine gefärbte Wahrnehmung nicht verleugnen, ebenso wenig meine Subjektivität. Es steht Ihnen frei, meine Einstellungen und Herangehensweisen zu teilen oder es anders zu sehen. In diesem Fall freue ich mich auf einen freundschaftlichen und ehrlichen Diskurs mit Ihnen. Das wiedergegebene Praxiswissen wird Ihnen in Ihrem Führungsalltag nur dann helfen, wenn es nicht im Bücherregal liegt, sondern zu Ihrem Begleiter im Alltag werden kann. Wenn Sie es anwenden, können Sie Ihre Führungsthemen schneller und vor allem einfacher bewältigen und Ihre Führungsqualitäten weiter verbessern. Dieses Buch ist keine Anleitung dafür, wie Menschen funktionieren und welche Stellhebel Sie bewegen müssen, damit Ihre Mitarbeiter das tun, was Sie wollen (und was sie von alleine nicht tun würden). Führung heißt, Orientierung geben, Sinn vermitteln. Führung heißt, Menschen zu begleiten auf einem Weg, den diese noch nicht kennen oder alleine beschreiten können.

In diesem Buch finden Sie sogenannte Checkmarks. Darunter verstehe ich Fragen, die als Orientierungs- oder Entscheidungshilfe für Ihre tägliche Führungspraxis dienen können. Ich halte den neuen Begriff „Checkmark" für wesentlich eindeutiger als einfach nur „Praxis-Tipp". Ein Checkmark ist eine Kontrollmarkierung und bedeutet auch „Häkchen setzen", womit eine aktive Tätigkeit gemeint ist und nicht nur eine Anweisung oder das passive Konsumieren von Regeln. Führungspositionen sind vielfältig und von Unternehmen zu Unternehmen und vor allem von Mensch zu Mensch unterschiedlich geprägt. Nehmen Sie von den Checkmarks diejenigen für sich heraus, die für Sie am geeignetsten erscheinen. Die darauf folgenden Überlegungen sind die Ihren und Entscheidungen zur Umsetzung und für Veränderungen können nur Sie allein treffen.

Einst kam ein Unternehmer in ein Kloster in Tibet und wollte von einem Mönch wissen, wie er noch mehr Wissen erlangen könne, um noch effizienter und schneller zu arbeiten. Da stellte ihm der Mönch eine leere Teetasse auf den Tisch und schenkte ihm so viel an Tee ein, dass die Tasse überlief und der kostbare Pu-Erh-Tee auf die Untertasse tropfte und sich schließlich auch über Tisch und Boden ergoss. Daraufhin begehrte der Manager lautstark auf: „Halt, halt Mönch! Die Tasse läuft doch über!" Der Mönch setzte die Teekanne ab und entgegnete ruhig, mit Bedacht und einem Lächeln: „Dein Gefäß ist schon übervoll. Und Du willst immer noch mehr an Wissen? Mache Deine Tasse erst einmal leer und fülle Sie neu mit den Erkenntnissen, die

Du wirklich brauchst. Denke nicht mehr an den Tee von gestern, sondern freue Dich auf den Genuss von morgen."

Nehmen Sie dieses Buch bitte als kleine Zutat für das Füllen Ihrer persönlichen Tasse mit auf Ihre eigene Tee-Zeremonie.

Worum es beim Thema Führung geht

Beim Führen geht es primär um die Gestaltung der Zukunft. Führung ist eines der ältesten, kulturgeschichtlich bekannten, sozialen Phänomene der Menschheit - und das seit mehr als 5.000 Jahren. Könige, Feldherren und Philosophen aus allen Kulturen und Epochen befassten sich mit der Frage, was Führung gut, wirksam und zukunftsfähig macht.

Aktuell mutet unsere Führungswelt bisweilen seltsam und paradox an. Auf der einen Seite nimmt die scheinbare Demokratisierung in den Unternehmen zu. Man könnte beinahe - wie Darth Vader in der Star Wars Legende - sagen: „Ich spüre eine Erschütterung der Macht!" Auf der anderen Seite erleben wir in vielen Ländern eine zunehmende Autokratisierung und eine politisch bedingte machtorientierte Führung. Und dazwischen stehen große Herausforderungen wie Digitalisierung und Vernetzung. Wenn wir einmal betrachten, was in einer Minute alles so im Internet geschieht, ist dies wohl das Ergebnis einer gewaltigen Kettenreaktion, die mit einer enormen Vernetzungsdichte einhergeht. Dieser Effekt beschleunigt die Komplexität zusehends. Wir haben Angst, den Anschluss zu verlieren. Vorhersagen zur Unternehmensentwicklung sind genauso unzuverlässig wie das Bestreben, die lokale Wetterlage von übermorgen prognostizieren zu wollen. Wenn ich heute Führungskräfte frage, wohin denn die Reise wohl geht, höre ich oftmals: „Wir segeln auf Sicht." Das heißt konkret: „Ich kann Dir nicht mehr genau sagen, wohin die Zukunft geht." Da fällt mir Karl Valentins Spruch ein: „Prognosen sind schwierig, vor allem wenn sie die Zukunft betreffen." Das „Führen in Unsicherheit" ist also ein Megatrend. Keine Frage, auch heute, im 21. Jahrhundert, wird sich Führung weiter entwickeln. Im Dialog führen, Erwartungen differenziert äußern, individuelle Perspektiven öffnen - diese Fähigkeiten gehören mehr denn je zum Führungsrepertoire. Ad-hoc-Feedback, schnelle Neuorientierung und reflektierte Eigensteuerung sind drei Beispiele dieser neuen Art der (Selbst-)Führung. Dies erfordert natürlich auch mehr Eigenverantwortung von jedem Mitarbeiter, denn die Organisation und insbesondere die Führungskraft kann es nur noch bedingt „für ihn richten". Das stellt das Bestehende nicht komplett in Frage, ruft aber nach sinnvoller Anpassung des etablierten Führungsverständnisses. Mir geht es hierbei nicht um eine Revolution, sondern um eine Evolution der Führung. Die daraus resultierende, erforderliche Weiterentwicklung der Führungsprinzipien ist deshalb ein wesentlicher Bestandteil dieses Buches. Führen ist nicht das gleiche wie leiten, nicht das gleiche wie managen. Führung hat immer mit Menschen zu tun. Führung heißt, Orientierung zu geben und Sinn zu vermitteln. Management ist Handwerk, Führung dagegen ist eine Frage der inneren Überzeugung, Haltung und Einstellung.

Als Führungskraft wirken Sie immer!

Häufige Denkfehler der Führung

„Probleme kann man niemals mit derselben Denkweise lösen, durch die sie entstanden sind."

(Albert Einstein)

Fehler 1: Es gibt die ideale Führungskraft

In meinen Führungstrainings stelle ich gerne zu Beginn die Frage, über welche persönlichen Eigenschaften denn die ideale Führungskraft verfügen sollte. Dann lasse ich diese Frage jeweils aus der Perspektive des eigenen Vorgesetzten, der Mitarbeiter und anderen Partnern, zum Beispiel Kunden, beantworten. Innerhalb kürzester Zeit erhalte ich von den Teilnehmern, Nachwuchs-Führungskräften und erfahrenen Führungskräften gleichermaßen ein Sammelsurium an Eigenschaften genannt, die diese ideale Führungskraft mitbringen müsse.

Meine zweite Frage, ob die Teilnehmer denn all diese Eigenschaften auch selbst besitzen würden, bejahen nur die wenigsten ganz selbstbewusst. Wir kreieren demnach den Anspruch an eine Führungspersönlichkeit, um im Alltag jedoch feststellen zu müssen, dass zwischen scheinbarer Anforderung und Realität eine gewaltige Lücke klaffen kann. Diese Erkenntnis demotiviert uns erst einmal, weil wir immer sehen oder spüren, was uns vom Wunschbild trennt und welchem Pseudo-Ideal wir nacheifern wollen. Die ideale Führungskraft gibt es nicht, genauso wenig wie den idealen Mitarbeiter. Es existiert kein Übermensch. Und das ist auch gut so.

Fehler 2: Die Führungskraft benötigt Fachwissen

Ein weiterer Denkfehler besteht darin, dass eine Führungskraft tiefstes Fachwissen besitzen müsse. Das führt in der Praxis dazu, dass oftmals die besten Fachkräfte zu Führungskräften befördert, ja geradezu mit Status, Macht und Geld zur neuen Position „ver-führt" werden. Im Ergebnis verlieren viele Unternehmen sehr gute Fachkräfte und gewinnen nur mittelmäßig bis unterdurchschnittliche Führungskräfte hinzu.

An die Stelle des Fachwissens tritt - je nach Aufgabe und Verantwortung der Gruppen- über die Abteilungs- bis hin zur Geschäftsleitung - zunehmend das Wissen um die Führung von Menschen. Viele für Führungsaufgaben vorgesehene Mitarbeiter müssten dazu ihren Spezialisten-Status, ihr „in langer Zeit aufgebautes Reich" für eine unsichere und risikobehaftete Managementfunktion aufgeben. Hierfür müssten sie neues Wissen erlernen und altes Wissen ablegen. Neuland zu betreten, bedeutet für viele technische Fachkräfte somit eine emotional behaftete Gefahr. Hinter jeder Trennwand oder jeder Chefetagentüre könnten Intriganten oder Saboteure lauern, welche Neid und Missgunst zu möglichen Verbalwaffen umfunktionieren und den frischen Ast, auf dem man sitzt, mit Häme ansägen wollen. Warum sollte man seine bisherige kuschelige Wohlfühl-Komfortzone also gegen eine womöglich feindlich gesonnene Umwelt eintauschen? Und was werden die Arbeitskollegen und Kumpels sagen, wenn man ihnen plötzlich „vorgesetzt" wird? Wird der ehemalige Kollege gemieden oder als Führungskraft akzeptiert?

Führungsverantwortung übernehmen, das kann und will nicht jeder. Ich erinnere mich an eine Situation aus meiner Zeit als Personalleiter, als wir im Zuge einer Altersnachfolge einen gewerblichen Facharbeiter zum Teamleiter entwickeln wollten. Wir haben diesen Mitarbeiter zwei Monate seine bisherige Führungskraft begleiten lassen. Eines Tages stand er unvermittelt in meinem Büro und teilte mit, dass er die Führungsaufgabe nicht übernehmen könne. Auf mein Nachfragen hin erklärte er mir, dass er es zwar motivierend fände, ein höheres Gehalt und die sonstigen Vorteile der zukünftigen Führungsposition zu beziehen, er sich jedoch nicht vorstellen könnte, mit ehemaligen Arbeitskollegen Jahresgespräche oder sogar Kritik- und Konfliktgespräche zu führen. Er würde einfach nur gerne seinen bisherigen Job weiter ausüben. Seine damalige Selbsterkenntnis und Einsicht beeindrucken mich bis heute. Er hatte ein klares Bild entwickelt, was er kann und was er möchte. Die Führung von Menschen gehörte nicht dazu.

Selbstverständlich ist auch in Führungspositionen die Fachkompetenz wichtig, aber eben nicht in der Tiefe, sondern eher im übergeordneten Ganzen. Das notwendige Spezialwissen in den einzelnen Positionen liefern die Mitarbeiter. Treffend finde ich in diesem Zusammenhang ein Zitat von Steve Jobs, dem ehemaligen CEO von Apple:

„Wir sagen unseren Mitarbeitern nicht, was zu tun ist, sondern ich erwarte von unseren Mitarbeitern, dass sie uns sagen was wir tun sollen."

Was heißt das jetzt für die Praxis? Wenn Sie intern Führungskräfte rekrutieren und entwickeln möchten, achten Sie im Vorfeld bei der Auswahl bereits stärker auf die Führungspotenziale und die ausgeprägte Gestaltungsmotivation und weniger auf die fachliche Detailexpertise.

Fehler 3: Die Führungskraft kann es jedem recht machen

Ein weiteres Missverständnis der Führung leite ich mit einem kleinen Gedankenspiel ein. Einmal angenommen, zwei Ihrer Mitarbeiter kommen gleichzeitig auf Sie zu und wollen zur gleichen Zeit Urlaub nehmen. Sie können jedoch aus betrieblichen Gründen nur einem Mitarbeiter den Urlaub genehmigen. Nehmen wir weiterhin an, dass alle Rahmenbedingungen (schulpflichtige Kinder, Verteilung des Urlaubs im Vorjahr etc.) exakt gleich sind. Wie entscheiden Sie sich als Führungskraft?

Der Mythos, auf welchen ich hinaus möchte, ist der, es allen Recht machen und überall beliebt sein zu wollen. Wie sagte schon der ehemalige bayerische Ministerpräsident Franz Josef Strauß treffend:

„Everybody's Darling ist irgendwann everybody's Depp."

Sofern Sie in diesem Sinne denken und handeln, werden Sie schnell zum Spielball der Organisation selbst und geraten zwischen die Fronten Ihrer Mitarbeiter. Ich verwende für diesen Anspruch gerne das psychologische Drama-Dreieck bzw. die Drama-Spirale, welche aus einem Opfer, einem Täter und einem Retter bestehen. Oftmals neigen Führungskräfte dazu, vorschnell den Retter spielen zu wollen oder sich in die Retter-Rolle zwängen zu lassen, in der sie allerdings auch gleichzeitig zum Täter werden. Und dann werden sie auch noch zum Opfer ihrer eigenen vermeintlichen Wohltätigkeit. Sie verlieren Ihre Souveränität und schließlich auch „das letzte Wort".

Was heißt das für die obige Ausgangssituation und für unser Gedankenspiel? Aus meiner Sicht gibt es nur zwei Alternativen: Räumen Sie beiden Mitarbeitern die Möglichkeit ein, zu zweit eine tragfähige Lösung zu finden. Finden die Mitarbeiter keinen Kompromiss, kann keiner der beiden den Urlaub beanspruchen. So trivial es auch klingen mag, wenden Sie das Losverfahren an. Wer „siegt", „gewinnt" den Urlaub. Alle anderen Varianten wären subjektiv und mindestens eine Seite würde sich als ungerecht behandelt empfinden. Sicherlich sind meine präferierten Lösungsansätze nicht unbedingt populär, jedoch halte ich sie für klar und transparent.

Achten Sie deshalb bereits bei der Auswahl von Führungskräften darauf, wie stark das Bedürfnis nach Harmonie und emotionaler Bindung persönlich ausgeprägt ist. Eine zu starke Ausprägung könnte ein Indikator für diese Führungsfalle sein.

Fehler 4: Es gibt den idealen Führungsstil

Führungskräfte fragen mich in meinen Seminaren immer wieder, welcher denn der richtige Führungsstil sei. Meine Antwort darauf ist so einfach wie sinnvoll und ergibt sich aus meinen persönlich gemachten Lebenserfahrungen. Den „richtigen" Führungsstil kenne ich bis jetzt noch nicht. All die theoretischen Ansätze und unzähligen Lehr- und Sachbücher, welche versprechen wollen, die Ultima Ratio zum Thema Führungsstil als den Stein der Weisen in der Alchemie der Theorieküche endlich gefunden zu haben, helfen uns nur bedingt oder theoretisch weiter. Antworten und Ratschläge für meinen Führungsalltag und die Bewältigung meiner persönlichen Führungsaufgaben gab mir kein einziges dieser ausgefeilten und offenbar zwingend sachlogisch erscheinenden Fachbücher. So viele Rezepte und Ratschläge es zum Thema „die richtige Diät" gibt, so mannigfaltige Almanache für den adäquaten Führungsstil versprechen uns, genau den einen und richtigen Weg, vom autokratischen über den kooperativen bis hin zum Laissez-faire-Führungsstil.

Lang leben der Opportunismus und die „Bäumchen-wechsel-dich"-Taktik! Von einer wie auch immer gearteten, langfristig wirksamen Strategie kann gar nicht erst die Rede sein. Das gilt vor allem nicht in Zeiten, in denen nur noch die eine einzige, uralte, universelle Maxime zu gelten scheint:

„Die einzige Konstante im Universum ist die Veränderung."
(Heraklit, griechischer Philosoph, 535 -475 v. Chr.)

Alle möglichen und unterschiedlich propagierten Führungsstile haben ihre (theoretischen) Vor- und Nachteile, mit all ihren Chancen und Risiken. Ich gehe hier bewusst nicht auf eine Gegenüberstellung der Pro- und Contra-Aspekte der verschiedenen Stile ein, weil es mir schlichtweg nicht praxisnah genug erscheint. Entwickeln Sie als Führungskraft ihren eigenen, persönlichen Stil, der zu Ihnen passt und der Ihnen ein authentisches, glaubwürdiges Auftreten ermöglicht. Jeder Mensch, jeder Mitarbeiter und jede Führungskraft besitzt eine eigene Persönlichkeit mit individuellen Werthaltungen und Motivatoren.

Mir hat es dabei persönlich extrem geholfen, die Art der Führung meiner ehemaligen Vorgesetzten, für die ich arbeitete und welche ich im Laufe meiner beruflichen Laufbahn erleben durfte, zu beobachten, zu reflektieren und deren Denken, Handeln und Auftreten gegebenenfalls auf mich zu adaptieren. Dabei kam ich ganz automatisch an den Punkt, mir die Frage zu stellen, welches Verhalten mich besonders beeindruckt und wie ich auf keinen Fall agieren möchte.

Oftmals wird in Führungsbüchern und in Führungsseminaren der kooperative Führungsstil als der einzig richtige Stil propagiert. In pseudowissenschaftlichen Seminarübungen und Rollenspielen werden dann die Teilnehmer davon überzeugt, dass nur die kooperative Art und Weise die Mitarbeiter überzeugt und die Führungskräfte zu ihrem Ziel bringt. Das sehe ich fundamental anders. Denn der angewandte Führungsstil hängt ganz klar von der Situation ab, in der ich mich befinde sowie von der Persönlichkeitsstruktur des betroffenen Mitarbeiters. Dem ewigen Verlangen und Fordern nach Gleichbehandlung und Gleichberechtigung kann ich nichts abgewinnen. Ich bin der Überzeugung, dass die Gleichbehandlung von ungleichen Menschen ungerecht ist. Und deshalb gibt es für mich auch nicht den einen richtigen Führungsstil.

Checkmark...

... zur Orientierung

Im Folgenden gebe ich Ihnen einen kleinen Fragebogen zur Hand. Diese Fragen sollen Ihnen dabei helfen, mehr über sich und über Ihre Einstellungen zu erfahren. Sinnvoll wäre es, wenn Sie die Fragen für sich selbst beantworten und Ihre persönlichen Eindrücke in knapper Form notieren. Nehmen Sie sich später Ihre Liste zur Hand und vergleichen Sie diese bitte mit den Impulsen, die Ihnen dieses Buch gegeben hat. Hinterfragen Sie, was Sie derzeit antreibt oder motiviert. Des Weiteren finden Sie in der Retrospektive möglicherweise Ansatzpunkte für Ihre künftigen Aufgaben, Entscheidungen und Handlungen. Die permanente Selbstreflexion kann uns helfen, unsere Position sowie unser Ziel neu festzulegen, um uns täglich auf dem Prüfstand des Lebens unter Beweis zu stellen. Dazu benötigen wir jedoch eine erste Ausgangsposition, gerade wenn es erforderlich ist, „auf Sicht zu segeln". Ihre gegenwärtige Position hilft Ihnen, um in Richtung Ihres Ziels zu navigieren, sofern Sie Ihr Ziel zum jetzigen Zeitpunkt bereits im Groben bestimmen können. Ein Kompass gibt Ihnen die grundsätzliche Richtung vor. Später können Sie Ihre GPS-Navigation aktivieren, um punktgenau zu landen. Nehmen Sie sich bitte ein wenig Zeit für die erste persönliche Einordnung und Ihre gegenwärtige Wertorientierung:

- ☐ Denken Sie an fünf Führungspersönlichkeiten in Ihrem Unternehmen oder in Ihrer Organisation. Wer fällt Ihnen ein? Wer davon hat für Sie Vorbildcharakter?
- ☐ Welche Eigenschaften haben diese Menschen?
- ☐ Welche drei Eigenschaften davon sind für Sie besonders wichtig?
- ☐ Welche Eigenschaften glauben Sie, selbst zu besitzen?
- ☐ Welche zusätzlichen Eigenschaften könnten Ihnen zu mehr Erfolg verhelfen?

Abgeleitet aus den im Vorfeld genannten Denkfehlern geht es mir beim Thema Führen weniger um das „Sein", sondern vielmehr um das Handeln und Wirken einer Führungskraft. Ich habe deshalb fünf Aufgabenpakete für eine Führungskraft geschnürt, die ich Ihnen in den nachfolgenden Kapiteln ausführlich beschreiben werde:

Take Five: Aufgaben für Ihre tägliche Führungspraxis

Aufgabe 1: Orientierung vorleben

Das unentdeckte Land

Wir schreiben das Jahr 1.000 A.D. Das Meer brodelt förmlich. Meterhohe mächtige Wellen und ein eisiger Wind stellen Schiff und Mannschaft gnadenlos auf die Probe. Der peitschende Regen schmerzt auf der Haut und die schäumende Gischt ergießt sich auf Leif Eriksson, der sich verzweifelt an den Bugsteven des Drachenbootes klammert. Doch es ist nichts auszumachen. Der tosende Sturm der frühen Morgenstunden erschwert die Sicht und der stolze Wikingerführer weiß nicht mehr, wo sie sich befinden. Seit Tagen schon haben sie die Küste aus den Augen verloren. Sie können sich am Tage nicht mehr am Sonnenstand orientieren und auch des Nachts verbergen sich die Gestirne hinter dicken und undurchdringlichen Wolkenbergen. Die aktuelle Position kann Leif daher keinesfalls bestimmen. Nur die Himmelsrichtung können sie vage vermuten, denn offenbar wird das hochseetaugliche Wikingerschiff von den Winden und Gezeiten immer weiter nach Westen getrieben. Wasser von oben und unten. Sonst nichts. Noch immer kein Land in Sicht. Dabei gehen der Proviant und die Vorräte an Trinkwasser langsam zur Neige, ebenso wie das Vertrauen der Mannschaft in Leifs Qualitäten als Steuermann, Kapitän und Anführer. Dieses Vertrauen nun endgültig zu verlieren, ist Leifs größte Sorge. Das mitgebrachte Trinkwasser würde noch ein paar Tage reichen und das Regenwasser fangen die Krieger zusätzlich in Segeltüchern auf. Die Wikinger-Crew konnte das Schiff nach den Anweisungen Leifs bisher vor dem Untergang bewahren. Die Mannschaft besteht aus 20 Männern und 10 ranggleichen Frauen, womit die Wikinger die „Quotenregelung" in der damaligen Zeit im Vergleich zur Gegenwart deutlich übererfüllen. Außerdem muss ja auch irgendjemand die Kombüse übernehmen, um auf den letzten Resten getrockneten Holzes in der gusseisernen Feuerschale wenigstens eine halbwegs warme Fischsuppe zuzubereiten.

Während Erik so am Bug steht und den schlingernden Bewegungen des Schiffes trotzt, denkt er darüber nach, wie er wohl in diese missliche Lage gekommen ist.

Eriksson steht für „Sohn des Erik". Sein Vater, genannt „Erik der Rote", wurde zusammen mit seiner Familie von Norwegen verbannt, weil er sich in seiner ungestümen Wikingerart wohl zu häufig mit anderen Anführern an der norwegischen Küste angelegt hatte. So suchten Sie mit ihrer Sippe eine neue Heimstatt im Westen. Sie gelangten nach Island und gründeten dort eine Kolonie. Ihre Ressourcen waren allerdings begrenzt, und ihr Expansionsdruck ließ sie schließlich weiter nach Westen segeln. Sie landeten in einem damals „grünen Land", welches sie als „Grönland" bezeichneten. Im Süden dieses neuen Landes konnte man damals recht gut leben. Für einen echten Wikinger war dies jedoch nicht genug, denn dieses Volk wurde getrieben von der Neugier nach unerforschten Gebieten im Westen, Süden und Osten. Sie überquerten Ozeane, fuhren auf Flüssen quer durch Europa und sollen sogar bis ins Mittelmeer vorgestoßen sein. Dabei muss man sich die Wikinger eher als „Sippe" denn als Nation vorstellen, und so gab es zwar Könige, vor allem aber Fürsten. Ein Fürst steht im Englischen für „the first", was bedeutet, stets als „Erster" an der Front zu stehen und seine Mannen anzuführen. So eine Sippe war im Grunde nichts anderes als ein kleines Familienunternehmen. Die Wikinger waren zu ihrer Zeit als Plünderer berühmt-berüchtigt und dieses Urteil herrscht bis heute noch vor. Dabei waren sie auch Entdecker, Forscher und vor allem Händler. Die Reihenfolge der unternehmerischen Denk- und Handlungsweisen dieser Nordmänner könnte man wohl so beschreiben:

1. Suche nach neuen Märkten,
2. plündere, soviel Du kannst und
3. errichte dann einen Handelsstützpunkt am Meer oder am Fluss.

So steht Leif Eriksson in seinem Rentierfell nun vorne im Schiff und überlegt, welche Strategie und welche Überzeugungen ihn in diese gefährliche Expedition geleitet haben. „Wenn es im Westen immer wieder etwas Neues zu entdecken gilt, dann brechen wir eben weiter nach Westen auf. Erst Island, dann Grönland und jetzt? Da muss doch irgendwo noch Land im Westen sein."

Er sieht sich um und betrachtet seine Mannschaft, die kurz vor der Meuterei steht. Die Mehrzahl seiner Krieger und Ruderer will schon seit Wochen umkehren und fürchtet, über den Rand des Meeres am Ende der Welt zu stürzen. Lange kann er seine Leute nicht mehr mit vagen Versprechungen hinhalten. Er zweifelt ebenso wie seine Sippe langsam am Erfolg des Aufbruchs zu unbekannten Gestaden. „Das ist immer noch mein Unternehmen", denkt Leif Eriksson trotzig. „Ich werde diese Unternehmung zu einem erfolgreichen Abschluss bringen." Die Nacht wird stürmisch und die Kräfte schwinden. Am nächsten Morgen ist das Meer allerdings ungewöhnlich still. Die See hat sich beruhigt. Leif wacht auf und holt erst einmal tief Luft. Seine Lebensgeister scheinen langsam zurückzukehren. Er richtet seinen Blick auf den Käfig, welcher am einzigen Mast des Schiffes fest verzurrt ist. Darin befinden sich 7 Raben. Keiner seiner Mitstreiter weiß, warum ihr Anführer diese Vögel überhaupt mitgenommen hat. Einige der Frauen und Männer an Bord, welche bereits zum Christentum übergetreten waren, sehen darin Unglücksvögel und glauben, ihr Chef sei wohl der „Leifhaftige" in Person. Andere, welche noch dem alten Glauben angehören, meinen, es seien wohl Odins Raben, welche ihrem obersten Gott als weise Berater zur Seite standen und daher Glücksbringer wären.

„Lasst zwei Raben frei!" ruft Leif mit sicherer Stimme und in überzeugtem Ton. Der Chef am Bug allein weiß, warum die Raben die Reisenden begleiten mussten. Das hat nichts mit Magie zu tun. Wenn die freigelassenen Raben geradewegs in eine bestimmte Richtung fliegen, dann ist dort Land. Wenn nicht, kehren Sie in Kürze zum Schiff zurück. Die zwei Raben fliegen los und folgen ihrem Instinkt. Sie kommen nicht zurück. „In dieser Richtung ist Land!" Hätte Leif die Vögel zu früh fliegen lassen und somit ein Zurückkommen der Raben aufs Schiff riskiert, wäre die Stimmung an Bord mit Sicherheit gekippt.

So fanden Leif und seine Mannschaft das unentdeckte neue Land 500 Jahre vor Columbus, das heute „Neufundland" heißt. Seine Sippe überwinterte dort, an der Ostküste Nordamerikas. Die archäologischen Ausgrabungsorte sind seit 1978 UNESCO-Weltkulturerbe und die Wikinger-Handelsstadt Haithabu an der Ostsee wurde erst kürzlich ebenfalls zum Weltkulturerbe gekürt. Das hat Leif Eriksson leider nicht mehr erlebt. Er starb im Alter von 50 Jahren im Jahre 1020.

Leif hatte sich auf den Instinkt der Raben verlassen und sich von seiner Intuition leiten lassen, ohne das Ziel genau zu kennen. Doch kannte er wirklich sein Ziel nicht? Möglicherweise musste er seine ursprünglichen Ziele über Bord werfen, weil sein neues und vordringlichstes Ziel sich im Laufe der Reise veränderte. Es ging ihm nicht mehr um Beutezüge, sondern nur noch darum, seine Leute heil an Land zu bringen und niemanden zu verlieren. Erst danach konnte er wieder neue Meilensteine zur Neuorientierung definieren. Ob Leif wohl damals schon gewusst hatte, dass die Welt keine Scheibe ist, sondern eine Kugel und man demzufolge immer nur nach Westen fahren muss, um zwangsläufig Neuland zu finden? Seine Mannschaft war jedenfalls froh, wieder Land betreten zu können. Trotz aller Zweifel der Gefolgsleute an Ihrem Kapitän und dessen Selbstzweifel hatte Leif - mit Intuition und mit Hilfe seiner Raben - seine Sippe, sein Unternehmen also, zum Erfolg geführt. Deshalb trägt Leif Eriksson wahrscheinlich auch den Beinamen „der Glückliche".

Leif führte seine Mannschaft durch den festen Glauben an sich selbst und seine Mitstreiter und war sich dabei stets seiner selbst bewusst. Selbst und bewusst führen eben.

***

Sie haben - anhand des Fragebogens weiter oben - sich selbst möglicherweise bereits einige Fragen, die ich Ihnen im ersten Schritt gestellt habe, beantwortet. Vielleicht wissen Sie ja auch, was sie heute antreibt und welche Vorbilder Ihnen Orientierung geben. Die nächste Frage besteht nun darin, zu klären, welches Prinzip sich wirklich hinter einer Orientierung, einer bestimmten Einstellung oder Ausrichtung verbirgt. Woran orientieren sich Menschen im Allgemeinen? Ist es eine Glaubensrichtung, eine Religion, eine Art von Idealismus, das Streben nach Einfluss oder Anerkennung, das Wohl der Familie oder das der Mitarbeiter? Ist es Geld? Von was werden wir wirklich geleitet? Was beeinflusst unser Handeln im Alltag des Berufslebens grundsätzlich?

Wirksame Führungskräfte orientieren sich zunächst an den Zielen und Werten ihres Unternehmens. Wer sich mit diesen Grundsätzen identifizieren kann, der ist in der Lage, glaubwürdig wenigstens die grobe Richtung vorzugeben. Doch wo finden wir diese ominösen Unternehmensziele und Werte? Im zentralen Eingangsbereich des Headquarters der Holding wohl eher nicht. Manchmal wird die Unternehmensphilosophie jedoch auf ein Stück Papier geschrieben, welches wir anlässlich unseres Arbeitsvertrags in der Morgendämmerung unseres ersten Arbeitstages überreicht bekommen. Sofern Sie solch ein wertvolles Zeitdokument besitzen, dann fragen Sie sich bitte, ob und wenn ja, wann sie dieses jemals gelesen haben und ob Sie sich an den konkreten Wortlaut erinnern können. Wenn das ausnahmsweise der Fall sein sollte, dann fragen Sie sich, ob Sie sich je damit „identifiziert" haben und danach leben. Es finden sich im Internet alle möglichen Unternehmensleitbilder oder Richtlinien, welche die Philosophie des jeweiligen Unternehmens zum Ausdruck bringen soll. Ich greife aus den unzähligen Beispielen einmal eines willkürlich heraus, wobei der Name des Unternehmens nicht genannt ist, was auch nicht notwendig ist, da der Wortlaut von vielen anderen Unternehmen unreflektiert übernommen wurde. Dort steht wortwörtlich:

„Unternehmen X & Co. – der Name steht für hohe Produktqualität und herausragende Dienstleistungen. Und dennoch ist die X-Gruppe nicht einfach nur ein Handelsunternehmen für Montagematerial. Hinter dem langjährigen Erfolg unseres Unternehmens steht eine ganz besondere Firmenphilosophie und gemeinsame Werte, die das tägliche Handeln bestimmen, ob in Deutschland, wo X seinen Ursprung hat, oder in den weltweiten Gesellschaften. Das visionäre Denken treibt uns zum Erreichen immer neuer Meilensteine an und sorgt für die nachhaltige Entwicklung unseres Unternehmens. Dabei sind alle Mitarbeiterinnen und Mitarbeiter aufgerufen, ihre Ideen und Kreativität einzubringen. Leistung zu fordern und zu för-

dern, gehört fest zu unserer Unternehmenskultur. Optimistisch, verantwortungsbewusst und in gegenseitigem Respekt zu handeln, sind gelebte Leitlinien in unserem Unternehmen."

Das hört sich erst einmal sehr pathetisch und visionär an. Doch glauben alle Mitarbeiter an diese Philosophie, und können diese Glaubenssätze in der Praxis auch wirklich „gelebt" werden? Die Unternehmensphilosophie setzt sich in der Theorie aus allen Überzeugungen zusammen, nach denen ein Unternehmen sowohl intern als auch nach außen agiert. Weiterhin soll sich die Unternehmensphilosophie aus drei Elementen zusammensetzen:

- Gesellschaftsbild (Relation: Unternehmen zu Gesellschaft, Kunden, Lieferanten und Stakeholdern)
- Unternehmensleitbild (Führungsphilosophie)
- Menschenbild (Unternehmenskultur)

Ich bin der festen Überzeugung, dass unternehmensphilosophische Werte sich nicht aus Absichtserklärungen ergeben, sondern vielmehr dynamisch aus der Erfahrung und dem Umgang der Mitarbeiter miteinander entstehen und sich durch zeitlichen Wandel verändern können. Eine wesentliche Rolle kommt dabei den Führungskräften zu, denn diese leben als gutes (oder schlechtes) Beispiel den Umgang innerhalb ihrer Abteilung vor. Und so wie Menschen unterschiedlich sind, so unterscheiden sich auch Abteilungen und Gruppen in den einzelnen Funktionalbereichen und ihrem jeweiligen Denken und Handeln sowie ihrer jeweils eigenen innerbetrieblichen Kommunikation häufig voneinander. Menschen orientieren sich an ihren Vorbildern im Betrieb und schaffen sich dadurch ihre eigene kleine Philosophie. Alles zusammengenommen ergibt dann eine qualitative Komponente innerhalb der sogenannten „Corporate Identity". Eine erlassene Doktrin zur Unternehmensphilosophie mag deshalb zwar schön klingen, geht bei den Mitarbeitern jedoch oftmals in ein Ohr hinein und zum anderen sofort wieder heraus. Ich frage mich, wie viele Mitarbeiter die auf der Homepage ihres Arbeitgebers postulierten Werte überhaupt gelesen, geschweige denn verstanden haben. „Das betrifft doch nicht meinen Arbeitsplatz", mögen viele Mitarbeiter denken. Mir scheint es daher so, dass diese Worthülsenkombinationen in den Leitsätzen des Unternehmens im Internet in erster Linie gar nicht für die Mitarbeiter gedacht sind, sondern eher eine PR-Maßnahme nach außen hin darstellen und im Grunde für Aktionäre, Kunden und Stakeholder sowie für die Presse konzipiert wurden. Daneben gibt es Werbeslogans, die zwar für den Endverbraucher gedacht sind, jedoch die emotionale Ebene berühren und daher auch mit bestimmten Marken und Produkten assoziiert werden, z.B. „Freude am Fahren", „Vorsprung durch Technik", „Auto-emoción", „Respekt, wer's selber macht" und vieles mehr. Diese einfachen Begriffe und Merk-Sätze schaffen daher beinahe mehr an Identifikation als langatmige Werte-Litaneien.

Bei all diesen Diskussionen darf jedoch eines nicht vergessen werden. Wirtschaftlich tätige Unternehmen unterliegen meist einer einzigen Maxime, der Gewinnorientierung. Zur Ertragsoptimierung führen dabei im Wesentlichen zwei Prinzipen: Umsatzausweitung oder Kostenreduzierung. Alles, was danach kommt, sind mehr oder weniger flexible und flankierende Maßnahmen zur Zielerreichung.

Sinn und Orientierung geben

Wirksame Führungskräfte geben ihren Mitarbeitern Raum und zeigen ihnen Handlungsalternativen auf. Deshalb sind starke Persönlichkeiten mit hoher Selbstwirksamkeit gefragt. Denn nur wer durch seinen Führungsstil authentisch - so wie er als Person ist und ohne eine Maske aufzusetzen - wahrgenommen wird, kann sein Team inspirieren und damit langfristigen Erfolg erzielen.

„Du kannst nur die Flamme in anderen entzünden, die in dir selbst brennt."

(Augustinus, 354-430 n.Chr.)

Doch warum folgen Menschen einem Führenden? Menschen folgen einem Führenden nur dann, wenn der etwas kann, was sie nicht können oder der etwas Erstrebenswertes hat, was sie nicht haben. Menschen folgen also derjenigen Persönlichkeit, die besser führt, als die Menschen das selbst vermögen. Die aktuellen Herausforderungen der Mitarbeiterführung lassen sich mit den Begriffen Komplexität, Dynamik, Wissensexplosion und Informationsvielfalt beschreiben. Können Sie sich noch an die Werbung erinnern: „Sind wir nicht alle ein bisschen Bluna?"

Heute müsste es wohl eher heißen: „Sind wir nicht alle ein bisschen VUKA?“ Dieser Begriff geistert seit einigen Jahren durch die Arbeitswelt. „VUKA“ steht für eine Welt, in der

- **V**olatilität (Beweglichkeit, Veränderung),
- **U**ngewissheit,
- **K**omplexität und
- **A**mbivalenz (Mehrdeutigkeit)

das Denken und Handeln weit mehr bestimmen, als in der relativ stabilen Welt zum Ende des letzten Jahrhunderts. Dort konnte noch der Grundsatz gelten, nach dem einige Führungskräfte heute noch immer zu führen versuchen: „Das haben wir schon immer so gemacht, deshalb machen wir es künftig ebenso.“ Eine derartige Denkweise oder Maxime ist heute ebenso obsolet wie gefährlich. Viele kleine und mittelständische Unternehmen sind an dieser Inflexibilität im Denken bereits gescheitert. Was gestern war, ist eben meist Schnee von gestern. Die VUKA-Welt ist wie das Wetter. Sie ist nicht immer so, wie wir es uns wünschen, aber sie ist einfach da. Wir haben gelernt, dass es nichts nützt, den Regen anzubrüllen, wenn wir Sonne wollen, sondern dass es klüger ist, entsprechende Kleidung anzulegen. Sie und Ihre Mitarbeiter erleben in dieser Entwicklung die stetige Veränderung. Dabei nimmt die subjektiv empfundene Geschwindigkeit der Veränderung zu. Doch vielen Führungskräften fehlt im Betriebsalltag ein Kompass, an dem sie sich orientieren können. Deshalb stoßen viele Menschen rasch an ihre Belastungsgrenzen, wenn die Anforderungen an sie steigen und halten lieber an überkommenen Glaubenssätzen fest, als die Zeichen der Zeit zu erkennen und neue Wege zu beschreiten. Sie und Ihre Mitarbeiter sind im Führungsumfeld dabei immer wieder aufs Neue stark gefordert. Vernetztes und systemisches Denken, geistige Mobilität und die Fähigkeit, sich schnell neuen Arbeitssituationen anzupassen, sind notwendige Bedingungen für Sie, um mit Ihren Mitarbeitern erfolgreich zu sein. Orientierung zu vermitteln setzt voraus, selbst Orientierung zu haben, und die ist umso wichtiger, je mehr Mitarbeiter Sie führen und je eigenständiger diese arbeiten dürfen, können und wollen. Eine beständige und verlässliche Orientierung zu vermitteln bedeutet ebenso, Verständnis für die Situation zu schaffen und dem eigenen Handeln oder dem der Mitarbeiter Sinn zu geben.

Friedrich Nietzsche hat einmal gesagt, dass ein Mensch alles aushält, wenn er nur den Sinn dahinter erkennen kann. Ihre Mitarbeiter wollen von Ihnen wissen, wofür ihr Unternehmen steht und welchen Sinn ihre Arbeit hat. Ihre Crew wird sich fragen, warum ihre Arbeit für das Unternehmen wichtig ist. Sie will von Ihnen wissen, wie ihr persönlicher Beitrag zum Erfolg aussieht, wohin sich die Abteilung entwickelt und ganz grundsätzlich auch, wofür die Abteilung steht. Vermitteln Sie Ihren Mitarbeitern daher das Warum ihrer Aufgabe, damit sie sich idealerweise selbst eine sinnvolle Antwort geben können. Die Frage nach dem Sinn zu beantworten, ist unabdingbar für die Orientierung und die Identifikation, die Ihre Mitarbeiter in ihrem Arbeitsleben suchen und finden können.

Sich auf das Wesentliche besinnen

Als Führungskraft haben Sie eine klare Aufgabe. Unter dem Strich brauchen Sie lediglich dafür zu sorgen, dass jeder in Ihrem Führungsbereich seinen individuellen Beitrag zum Erreichen der Unternehmensziele leistet. Alle anderen Führungsaufgaben ordnen sich dieser Führungsaufgabe unter und besitzen daher eher eine „dienende" Funktion. Haben Sie als Führungskraft dieses Bewusstsein erst einmal selbst verinnerlicht, dann verfügen Sie über einen Maßstab, der es Ihnen ermöglicht, sich regelmäßig zu fragen: „Was ist nötig, damit ich meine Kernaufgabe erfülle, und was ist überflüssig?" Diese permanente Frage an sich selbst zu stellen, hilft Ihnen, im Führungsalltag das Wichtige vom Unwichtigen zu unterscheiden und die richtigen Prioritäten zu setzen. Ansonsten besteht die Gefahr, dass Sie sich verzetteln und rasch an Ihre eigenen Belastungsgrenzen stoßen.

Bei Führungskräften stelle ich deshalb in Bewerberinterviews als auch in Führungstrainings sehr gerne die Frage: „Was ist Ihr konkreter Beitrag zum großen Ganzen?" Und dies meistens in einer verschärften, leicht provokativen Art: „Weshalb stehen Sie auf der Gehaltsliste Ihres Unternehmens?"

Sinn erfahren Sie und Ihre Mitarbeiter ebenso auf der emotionalen Ebene durch die Wertigkeit und die Bedeutung des eigenen Tuns, wie auch durch die Sichtbarkeit des jeweiligen eigenen Beitrags zum Ganzen, was Sie auch Ihren Mitarbeitern verdeutlichen sollten.

Sinn gibt Motivation zum Handeln

Sinn ist das, was in Ihrem Arbeitsleben und dem Ihrer Mitarbeiter als gehaltvoll, wesentlich und wichtig erscheint. Mit der Beantwortung der Sinnfrage geben Sie sich selbst und Ihren Mitarbeitern Handlungsanleitungen für das tägliche Tun. Vor allem ist Sinn die Umsetzung gemeinsamer Werte als Orientierungsmaßstab für Handlungen. Als Führungskraft wissen Sie nicht nur, wohin Ihr Unternehmen bzw. Ihr Team gehen soll, sondern auch, auf welchem Weg und nach welchen Spielregeln Sie dorthin gelangen wollen. Ich kenne ein nordbayerisches Unternehmen, dessen Mitarbeiter im Ruhestand sich einmal pro Woche in der betriebseigenen Kantine treffen, um zu frühstücken, sich untereinander auszutauschen und ein Schwätzchen zu halten. Die Arbeit in der Vergangenheit hat das Leben dieser Mitarbeiter erfüllt und ihnen eine tägliche Orientierung gegeben. Das wirkt noch heute nach. Die Identifikation mit der Aufgabe, mit dem Umfeld und mit den ehemaligen Kollegen ist sehr hoch, wenn man jede Woche freiwillig dorthin zurückkommt, wo man seinen Sinn und seine Orientierung gefunden hat. Das kann durchaus die Betriebskantine sein.

Ein guter Bekannter erzählte mir folgende Geschichte aus seinem Beraterleben:

„In einem internationalen Konzern war ich vor einiger Zeit als externer Organisationsberater tätig. Ein Großraumbüro jagte dasselbe und als ich die Unmengen von Mitarbeitern kreuz und quer durch die Räume wuseln sah, dachte ich unwillkürlich an einen Ameisenhaufen. Ein scheinbar komplexes, chaotisches System, dessen innere Ordnung erst einmal gar nicht sichtbar ist. Oh je, was sollte ich denn hier organisieren? Dann fiel mein Blick auf Stapel von Papier auf den unzähligen Schreibtischen in einem neonlichtdurchfluteten Büro, das eher wie die Eingangshalle eines Großbahnhofs aussah. Versteckt zwischen den Papiertürmen und PC-Bildschirmen saßen kaufmännische Angestellte, Ingenieure und CAD-Zeichner. Ich holte mir einen Stuhl, setzte mich neben irgendeinen Schreibtisch und beobachtete den dort sitzenden, scheinbar gestressten Menschen beim konzentrierten Sondieren, Lesen und Tippen. Als er mich bemerkte, schrak er kurz auf und sah mich skeptisch an. Ich stellte mich ihm vor, versicherte ihm, dass ich kein Spitzel der Geschäftsleitung war und nur wissen wollte, welchen Job er hätte und welche Aufgaben damit verbunden wären. Nach einiger Überlegung vertraute er mir an, dass er einen völlig neuartigen Elektromotor konzipierte, der wesentlich leistungsfähiger sein sollte, als alle Motoren, die das Unternehmen bisher entwickelt hatte. Wozu dieser Motor letztendlich dienen sollte, wusste er jedoch nicht. Seine Aufgabe war offenbar bis zur ihm gesetzten Deadline trotz vieler Überstunden nicht zu bewältigen. Keiner teilte ihm mit, warum es überhaupt eine Deadline gab und welchen Wert seine Neuentwicklung insgesamt für das Unternehmen darstellte.

Mir wurde klar, dass die Belastungsgrenze bei diesem Mitarbeiter bereits erreicht war. Im Rahmen der weiteren Interviews ergaben sich ähnliche Bilder. Es entstand bei mir der Eindruck, dass allen geplagten Geistern eines fehlte. Die Antwort auf die Frage nach dem Sinn Ihrer Arbeit und die Bedeutung jedes Einzelnen für das Unternehmen.

Im Anschluss schilderte ich der Abteilungsleiterin im mittleren Management meine Eindrücke, ohne Namen zu nennen. „Tja", sagte sie, „wir hatten noch nie zuvor so viele Krankenstände und eine so hohe Fluktuationsrate. Ich verstehe nur nicht, warum die Mitarbeiter nicht das machen, wozu sie da sind. Die werden doch alle gut bezahlt und brauchen keine Fragen zu stellen." Daraufhin fragte ich sie, an was denn alle im Moment so emsig arbeiteten. Mit stolzer Haltung und hoch erhobenen Hauptes verkündete sie mir die frohe Botschaft: „Wir werden den Entwicklungstypen eines neuen Spiral-Computer-Tomographen für die Radiologie zur Marktreife bringen und wollen damit zum Weltmarktführer in der Medizintechnik aufsteigen."

Hätten das die Mitarbeiter hinter Ihren Papierbergen und Bildschirmen doch auch gewusst...

Nach dieser Schilderung meines Kollegen entwickelten wir gemeinsam ein Konzept zur Vermittlung von Sinn und Wertigkeit durch die Führungskräfte des Unternehmens an deren Mitarbeiter, die universell greift.

Sagen Sie Ihren Mitarbeitern nicht, was sie wie und wie schnell tun sollen, sondern warum. Ihre Aufgabe als Leader ist es, die Antwort auf die Frage zu geben: „Wozu das alles?" Sinn kann dabei nicht verordnet werden. Sinn kann nur vom Einzelnen und in der Aufgabe gefunden, entdeckt und empfunden werden. Die Beantwortung der Sinnfrage ist für jeden Mitarbeiter unterschiedlich und kann sich im Laufe der Zeit ändern. Der authentische und verständlich kommunizierte Sinn stiftet nicht nur Identität, sondern motiviert darüber hinaus Ihre Mitarbeiter zum zielführenden Handeln. Die Kenntnis, dass dieses wirksame Handeln zur Entstehung dessen führt, was man erreichen möchte, bietet eine stabile und vor allem dauerhafte Motivationsbasis. Deshalb ist es Ihre Aufgabe, Ihren Mitarbeitern jeweils ihren Beitrag zum großen Ganzen klarzumachen.

Mitarbeitern Unterstützung und Halt geben

Eine zentrale Aufgabe von Führungskräften lautet: Geben Sie Ihren Mitarbeitern Halt. Dies ist insbesondere in einem Unternehmensumfeld nötig, in dem sich die Rahmenbedingungen rasch ändern. Heutzutage werden Mitarbeiter häufig mit den Schlagworten „Digitale Transformation", „Industrie 4.0" oder „Agilität" konfrontiert. Alles steht permanent auf dem Prüfstand und das, was gestern noch galt, kann schon morgen eben nicht mehr gelten. Lautet dann die Anforderung an die Mitarbeiter, sie sollen ihre Aufgaben auch noch weitgehend eigenständig erfüllen, stellt sich schnell das Gefühl der Überforderung und Überlastung ein.

Die künftigen Herausforderungen können Mitarbeiter nur bewältigen, wenn sie wissen:

- Welche übergeordneten Ziele erreiche ich mit meiner Arbeit?
- Was ist dem Unternehmen beim Erfüllen meiner Aufgaben wichtig?
- Warum ist das wichtig?

Nur wenn Sie Ihren Mitarbeitern diese Fragen schlüssig beantworten können, werden diese ihre Arbeit eigenständig so planen und strukturieren, dass die Anforderungen des Unternehmens erfüllt werden.

Sinn und Zweck sind nicht dasselbe

„Es kommt nicht darauf an, dem Leben mehr Jahre zu geben, sondern den Jahren mehr Leben zu geben."

(Alexis Carrel)

Während der betriebswirtschaftliche „Zweck" des Unternehmens die Gewinnoptimierung ist, spielt auf der emotionalen Ebene der Sinn die wichtigste Rolle. Zweck und Sinn sind gleichermaßen wichtig, stehen in einer Wechselwirkung zueinander und sind unterschiedlich stark ausgeprägt. Sie und Ihre Mitarbeiter können eine Tätigkeit, die zwar zweckmäßig, aber aus individueller Sicht nicht sinnvoll ist, nicht über eine lange Zeit erfolgreich ausüben - ganz einfach, weil die Motivation fehlt. Aus diesem Grund können Sie mangelnden Sinn nie durch Zweck, aber mangelnden Zweck sehr wohl durch Sinn ersetzen. Sinn ist damit die stärkere Kraft, die Quelle für Motivation und letztlich die Voraussetzung für Spitzenleistungen von Mitarbeitern. Als Führungskraft können Sie die Sinnfrage nur dann erfolgreich klären, wenn Sie Ihr tägliches Tun auf einem stabilen Wertefundament aufbauen. Wenn es Ihnen gelingt, dies in Ihrem Führungsverhalten zu verankern, dann entsteht der Raum für eine von Ihnen vorgelebte Teamkultur und für eine Form von Sinnmanagement. In diesem Raum finden Ihre Mitarbeiter die notwendige Orientierung und schöpfen Kraft, um auch in schwierigen Zeiten erfolgreich zu sein. In Ihrer sinnorientierten Mitarbeiterführung zielen Sie dabei auf nachhaltige Selbstmotivation zur Leistung, bei der der Boden für ein erfülltes, zufriedenes und ganzheitliches Tun und Sein entsteht.

Checkmark...

... zur Sinnstiftung

- ☐ Informieren Sie Ihre Mitarbeiter über die Beweggründe für Ihr persönliches Handeln und Tun als Führungskraft?
- ☐ Sprechen sie mit Ihren Mitarbeitern über den Sinn ihrer Arbeit, ihrer Tätigkeit?
- ☐ Ist Ihren Mitarbeitern ihr jeweiliger persönlicher Beitrag zum Ganzen klar?
- ☐ Haben Sie den Eindruck, dass sich Ihre Mitarbeiter mit ihren Aufgaben identifizieren?
- ☐ Haben Sie Werte als Orientierungsrahmen, nach denen Sie handeln?
- ☐ Können Ihre Mitarbeiter sagen, wohin sich Ihr Unternehmen als Ganzes entwickeln will?
- ☐ Sehen Ihre Mitarbeiter Ihren Anteil am Erfolg?
- ☐ Sind Sie authentisch in Ihrem Führungsverhalten?
- ☐ Orientieren Sie sich in Ihrem Führungsverhalten an den Zielsetzungen des Unternehmens?
- ☐ Sprechen Sie mit Ihren Mitarbeitern über gemeinsame Werte?
- ☐ Können Sie sich selbst führen und Orientierung somit vorleben?

Die 10 Gebote natürlicher Führungsqualitäten

Als Moses auf dem Berg Horeb im Sinai einst die 10 Gebote empfing, um diese in Stein zu meißeln, dachte er sich wohl: „Wenn nur alle Menschen nach diesen Geboten leben würden, dann gäbe es nie mehr Neid, Missgunst, Hass und Krieg." Als er nach der mühsamen Arbeit und dem letzten verbliebenen Meißel die fertigen 2 Gebotstafeln - mit dem Ansinnen, diese seinem Volk offenbaren zu wollen - vom Berg nach unten brachte, da tanzte dieses bereits seit Tagen um ihr „goldenes Kalb" und Moses war ob dieses Frevels ebenso schwer entrüstet wie erschüttert. In seinem bebenden Zorn und seiner tosenden Wut zerbrach er die göttlichen in Stein gefassten Impulse für ein friedvolles künftiges Miteinander. Der Knall der Bodenerschütterung, welche der Einschlag der zerberstenden Steinplatten auf dem Boden der Tatsachen seines Volkes auslöste, war mindestens so gewaltig wie der des Meteoriten, der vor 75 Millionen Jahren die Spezies der Dinosaurier unwiederbringlich dahinraffte. Die Weisheiten der Gebotstafeln verschwanden erst im Wüstenstaub und dann im Staub der Geschichte. Das Andenken an die zu subatomaren Elementen zerfallenen Gebote blieb jedoch erhalten und wurde von seinem Volk in der Bundeslade aufbewahrt, welche die Menschen stets vor sich her trugen. Als die Lade im Laufe der Jahrhunderte jedoch im Nebel der Geschichte verschwand, war wohl nach und nach auch der Glaube an diese Richtlinien verloren gegangen, was jeder heute der Tagesschau, den Nachrichten der Printmedien und den social networks entnehmen kann.

Das gilt selbstverständlich nicht für die nun folgenden Gebote für heutige Führungskräfte. Diese wurden nicht auf ewige Zeiten in Stein gemeißelt, sondern sind aus Erfahrungen entstanden. Bewahren Sie die Gebote bitte daher nicht in der Bundeslade auf Ihrem Dachspeicher auf, sondern tragen Sie diese in Ihrem Herzen stets vor sich her, ergänzen Sie die Gebote mit Ihren eigenen Erfahrungen und geben Sie diese weiter. Ermuntern Sie selbst wiederum Ihre Mitarbeiter, es Ihnen gleich zu tun. Das ist dann Ihr „Missionsgebot“ in der heutigen Zeit. Wenn diese Vorgehensweise langfristig nicht nur zur Tradition wird, was „Weitergeben der alten Werte“ bedeutet, sondern vor allem „Weitergeben der neuen Werte“, haben Sie Ihre Aufgabe getan.

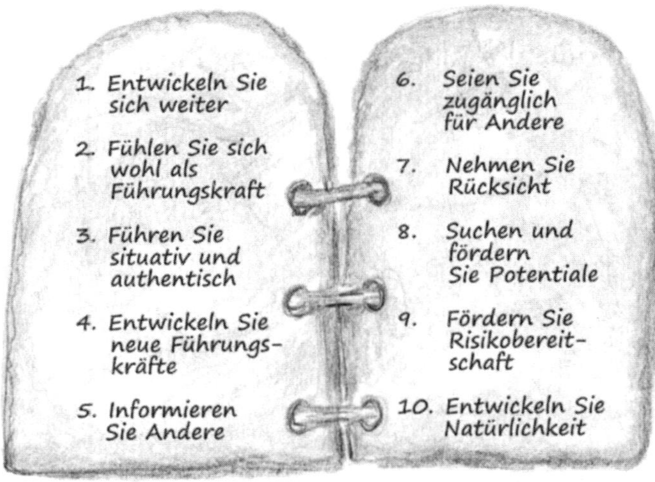

1. Die einzige Person, die Sie ändern können, sind Sie selbst

Selbstmanagement und Selbstreflektion sind absolute Voraussetzungen auf dem Weg zur natürlichen Führungskraft. Erst wenn Sie sich selbst genau kennen, können Sie sich wirklich 100%ig um andere Menschen kümmern. Die Auswirkungen des eigenen Verhaltens zu kennen, ist für Führung von entscheidender Bedeutung. Sehen Sie sich und Ihre Wirkung hin und wieder in einem imaginären Spiegel an.

2. **Fühlen Sie sich in der Rolle des Führenden wohl**

   Führung verlangt nach Authentizität. Nur wenn Sie sich in der Rolle der Führungskraft zu 100% bestätigt fühlen, spüren das Ihre Mitarbeiter auch und werden Ihnen 100% ihrer Fähigkeiten offenlegen. Dazu gehört ein hohes Maß an Vertrauen auf beiden Seiten.

3. **Als natürliche Führungskraft führen Sie situativ**

   Das bedeutet, dass Sie Ihren Führungsstil immer an dem Engagement und der Kompetenz Ihrer Mitarbeiter ausrichten. Das Wählen des zum gegebenen Zeitpunkt richtigen Führungsverhaltens bedeutet, den richtigen Mensch-Aufgabe-Mix zu finden und erfordert Geschick, Flexibilität sowie Intuition. In der heutigen Zeit können wir kaum mehr langfristig planen. „Disponieren" steht vor „Regieren", wobei ein hartes Wort an angebrachter Stelle durchaus heilsam sein kann.

4. **Es ist Ihre Führungsaufgabe, neue Führungskräfte zu entwickeln**

   Top-Führungskräfte von heute teilen ihre Fähigkeiten, Einsichten und Stärken, um andere Menschen zu fördern, welche selbst wiederum das Potential zum Führen haben. Sehen Sie Ihre jüngeren Führungskräfte denn auch bitte nicht als Wettbewerber, welche Ihnen Ihre Position abspenstig machen wollen, sondern als Fundament für ein gesundes Führungswachstum in der Zukunft.

5. **Stellen Sie als Führungskraft sicher, dass der Informationsfluss jederzeit frei in alle Richtungen gegeben ist**

   Die Weitergabe und Zirkulation von Informationen ist eine der wichtigsten Regeln überhaupt. Werden Informationen von gewissen Menschen zurückgehalten, um ihre eigene Position oder Macht zu stärken, sollten Sie das sofort unterbinden.

Wir leben in einem Informationszeitalter und Informationen sind daher das Kapital für langfristige Erfolge und schnellere Entscheidungen.

6. **Als vertrauensvolle Führungskraft sind Sie jederzeit zugänglich**

   Schaffen Sie eine Betriebskultur, in der die Menschen das Gefühl haben, dass Sie sich jederzeit an Sie wenden können. Egal ob mit schlechten oder mit guten Nachrichten. Sie sollten sich auf keinen Fall isolieren oder Ihren Mitarbeitern das Gefühl geben, sie könnten sich nur zu gewissen Zeitpunkten oder mit speziellen Anliegen an Sie wenden. Werfen Sie Ihren Kummerkasten in denselben und lassen Sie Ihre Türe offen.

7. **Führung bedeutet ebenfalls, sich in manchen Situationen zurückzuhalten**

   Sie können und müssen nicht jeden Schritt planen, jede Aktion kontrollieren und über jedes kleine Detail Bescheid wissen. Manchmal gilt es, loszulassen. Das ist ein Zeichen von Vertrauen. Suchen Sie sich gute Mitarbeiter, welche Ihre Vision verstehen, diese mit Ihnen teilen und dann lassen sie Ihre Mitarbeiter arbeiten. Delegieren zu können bedeutet, Vertrauen zu haben.

8. **Als gute Führungskraft suchen und fördern Sie das Potential Anderer**

   Nehmen Sie sich Zeit um das Potential von Menschen zu entdecken. Jede Minute, die Sie dafür aufwenden, ist eine rentable Investition. Werden Sie ein Sponsor für Ihre Vertrauenspersonen und fördern Sie deren Ideen oder Projekte. Stellen Sie die hierzu erforderlichen Ressourcen und Strukturen zur Verfügung. Auf diese Weise schaffen Sie Begeisterung für den Glauben an die eigene Kreativität.

9. **Als gute Führungskraft fördern Sie Risikofreudigkeit und tolerieren Fehler**

   In der heutigen Zeit ist das ständige Setzen auf Sicherheit die riskanteste aller Strategien. Unterstützen Sie daher positive „Mutausbrüche“. Risiken und Chancen stehen nahe beieinander. Investitionen in Ihre Mitarbeiter sind virtuelles Risikokapital, kosten im Gegensatz dazu jedoch kein Geld, sondern lediglich Zeit. Und wenn es einmal nicht klappen sollte, denken Sie: „Hinfallen ist keine Schande, aber Liegenbleiben.“ Und wenn jemand 10 Dinge falsch machen sollte und eine Sache richtig, dann ist das ein Erfolg.

10. **Sie können Ihre natürlichen Führungsqualitäten selbst entwickeln**

   „Natürlich“ bedeutet dabei nicht „mit etwas geboren werden“. Führungstechniken kann man lernen. Dieser Akt des Lernens führt uns wieder zurück zu Gebot 1 (Selbstmanagement), womit sich der natürliche Führungskreislauf schließt. Lernen werden wir ein Leben lang. Das gibt uns Antrieb und ist Motor für Neues, für Offenheit und Zufriedenheit im eigenen Tun.

Vertrauen und eine positive Einstellung vorleben

Sprechen wir zum Abschluss der ersten Aufgabe noch über zwei Bereiche, die im Alltag nicht immer ganz offensichtlich sind, jedoch ein hohes Maß an Einfluss auf das Vorleben von Orientierung besitzen. Es geht hierbei darum, Vertrauen und eine positive Grundhaltung vorzuleben.

Realistischen Optimismus vorleben

Als Management-Trainer und Unternehmensberater verbringe ich viele Stunden meiner Lebenszeit auf deutschen Autobahnen. Da sollte es bekanntlich schneller vorwärtsgehen als „über Land". Doch dies erweist sich häufig als Trugschluss, wenn ich wieder einmal in Deutschlands offensichtlich beliebtester Freizeitbeschäftigung gefangen bin - dem unproduktiven Stau. Der ADAC hat kürzlich ermittelt, dass Auto- und LKW-Fahrer innerhalb eines Jahres insgesamt 74 Jahre in verschiedensten Staus auf deutschen Straßen steckten. Das ist im Schnitt ein ganzes Leben! Ich überlege mir dann, wie das früher im Angestelltenverhältnis war. Da wohnte ich viele Kilometer von meinem Arbeitsplatz entfernt und benötigte zu den Rush-Hour-Zeiten für die tägliche Hin- und Rückfahrt oft 2 Stunden. Das entspricht 10 Stunden in der Woche, also mehr als einem Arbeitstag und 40 Stunden im Monat, also einer ganzen Arbeitswoche oder einer Woche Freizeit, wenn man das andersherum sieht. Wie viel meiner Lebenszeit opfere ich in einem Jahr, in 10 Jahren und in meinem Arbeitsleben bis zur Rente wohl auf der Straße? Da wird es einem ganz schön mulmig. Kennen Sie solche Stausituationen auch? Können Sie ihre Situation des Nicht-Vorwärtskommens kurzfristig ändern? Nein. Heute neige ich im Stau eher zur Gelassenheit, telefoniere in Ruhe meine Rufliste ab, lege eine Hörbuch-CD ein oder genieße einfach einmal gute Musik. Ein guter Bekannter, der im Außendienst ständig auf Achse und ein auditiver Lerntyp ist, hat auf diese Weise fließend Spanisch gelernt.

Positiv eingestellte Führungskräfte gehen mit Stausituationen im Arbeitsleben in vergleichbarer Weise um und sehen den Schwierigkeiten sachlich und nüchtern ins Auge. Sie fragen sich: „Wo liegen die Chancen in dem Problem?" Ihr Motto lautet: „Es ist, wie es ist und ich mache das Beste daraus." Es geht hier ausdrücklich nicht um ein naives positives Denken à la „Glaube versetzt Berge", denn das nehmen Ihnen auch Ihre Mitarbeiter nicht ab. Positive Führungskräfte akzeptieren, dass manche Gegebenheiten nicht zu ändern sind. Selbst wenn eine Lösung im ersten Moment unmöglich erscheint, so gibt es doch immer einen Weg, auch wenn das Ergebnis mitunter völlig anders aussieht als ursprünglich gedacht.

Das Prinzip dahinter lautet einfach, ist bekannt und es hat noch immer seine Gültigkeit:

Love it, leave it or change it.

Will ich es annehmen, will ich es zurücklassen oder kann ich es ändern? Allerdings mit einer neuartigen Ergänzung: Entscheiden Sie sich schnell, welchen der drei Wege Sie gehen möchten, um intrapersonelle Konflikte, also Konflikte in Ihrer Person selbst, zu vermeiden. Akzeptieren Sie dabei, dass Mitarbeiter dies möglicherweise etwas anders sehen und der ein oder andere auch gerne etwas „jammert" oder Ihrer Ansicht negativ gegenübersteht. Bei Veränderungsprozessen ist eine abwehrende Haltung immer wieder festzustellen, denn: „Früher war alles besser." Lassen Sie den Mitarbeitern Zeit, solange gewisse Vorgaben einhalten werden (wir kommen bei der fünften Führungsaufgabe darauf nochmals zu sprechen). Es gibt nur eine Grenze, die Sie als Führungskraft nicht überschreiten dürfen, sich einer eventuellen Nörgelei der Mitarbeiter zu beugen oder sich gar daran zu beteiligen.

Vertrauen (vor-)leben

Vertrauen ist eine wesentliche Voraussetzung, um Orientierung vorleben zu können. Ohne Vertrauen kann keine gute Beziehung aufgebaut werden. Ohne eine gute Beziehung wird es nicht gelingen, Mitarbeiter zu überzeugen oder zu begeistern. Ohne innere Überzeugung werden Mitarbeiter sich nicht auf Ihre Aussagen verlassen und Ihren Anweisungen folgen. Ihre Mitarbeiter werden dann eher eine Verweigerungshaltung einnehmen und von sich aus auch nicht mehr in Vorleistungen gehen, welche üblicherweise auf einem Vertrauensvorschuss basieren. Wenn kein Vertrauen besteht, setzen Führungskräfte schnell auf Kontrolle und Druck. Dieser Druck ist aufwendig, teuer und funktioniert bei einem offenen oder auch latenten Misstrauen gar nicht mehr, gerade wenn Aufgaben komplexer werden. Aus Angst vor Fehlern bleibt die Transparenz auf der

Strecke und Führungskräfte verlieren sukzessive die Glaubwürdigkeit gegenüber ihren fachlich hochqualifizierten Mitarbeitern. Vertrauen ist die Erwartung, dass Sie als Führungskraft berechenbar handeln, ohne auf den eigenen Vorteil bedacht zu sein. Sofern Ihre Mitarbeiter dies wahrnehmen und verinnerlicht haben, sind sie zunehmend bereit, Risiken einzugehen. Sie öffnen sich damit und werden bei der Wahrnehmung ihrer Aufgaben aktiver und agiler. Ohne gelebtes Vertrauen kommt es zu einer sich ständig verschärfenden Überwachungskultur, zu ineffizienten Prozessen und zur Demotivation auf allen Seiten. Gerade dann, wenn das Vertrauen verloren ist, wird oftmals über eine Vertrauenskultur beziehungsweise deren Verbesserung gesprochen. Meine Erfahrungen hierzu zeigen, je mehr über Vertrauen gesprochen wird, desto weniger ist dieses vorhanden.

Leitsätze zum Thema Vertrauen

Vertrauen ist gezielter Kontrollverlust

Wir können einer Person, die wir noch nicht kennen, naturgemäß zunächst nur schwer vertrauen. Vertrauen aufzubauen bedeutet daher, einen gezielten Kontrollverlust zu akzeptieren. Das können nur Sie selbst vollbringen.

„Nicht mein Vertrauen muss man sich erarbeiten, sondern mein Misstrauen."

Es geht hier um Ihre Grundhaltung zur Menschenführung. Jemanden sein Vertrauen zu schenken, führt beim Gegenüber ebenfalls zu Vertrauen gegenüber Ihrer Person. Ein Vertrauensvorschuss kann daher zu einer positiven Wechselwirkung führen. Vertrauen Sie Ihren Mitarbeitern anspruchsvolle aber realistische Projekte an, ohne diese permanent zu kontrollieren. Dazu gehört natürlich eine gewisse Portion Mut. Es wird sich lohnen.

Vertrauen schließt Enttäuschung ein

Führen Sie nach der Einstellung: „Ich vertraue den Mitarbeitern und weiß zugleich, dass ich manchmal enttäuscht werde. Das nehme ich in Kauf."

Bei Vertrauensbrüchen konsequent reagieren

Reagieren Sie sofort und unmissverständlich, wenn gegen Ihren Vertrauensvorschuss grob verstoßen wird. Das kann je nach Situation bis zur Beendigung der Zusammenarbeit gehen. Ansonsten wirken Sie schwach und inkonsequent. Außerdem würden alle sonstigen Maßnahmen zur vertrauensvollen Zusammenarbeit unglaubwürdig werden.

Fehler offen zugeben

Als Führungskraft sollten Sie Ihre Fehler oder Fehler des Unternehmens gegenüber Ihren Mitarbeitern kommunizieren. Das macht Sie zu einem guten Leader, da Sie dadurch Menschlichkeit und Ehrlichkeit zeigen.

Versprechen einhalten

Machen Sie keine Versprechungen, die Sie nicht halten können. Das mag zwar lapidar und einfach klingen, ist in der Praxis jedoch nur mit einer konsequenten Haltung umzusetzen. Gerade als junge Führungskraft kann es verlockend sein, durch große Gesten und Statements das Team für sich zu gewinnen. Doch diese Beziehung beruht in erster Linie auf Vertrauen und Respekt, welcher schneller verloren als gewonnen ist, sofern falsche Versprechen gemacht werden. Denken Sie also bitte immer zuerst nach, bevor Sie sprechen, im Wissen, dass Ihre Worte sich direkt auf das Verhalten Ihrer Mitarbeiter auswirken.

Kontrolle bei Leistungsträgern reduzieren

Selbst ein scheinbar belangloses, kurzes Anfragen, wie weit jemand bisher mit der Erledigung einer Aufgabe vorangekommen ist („Wie weit sind Sie mit dem…"), signalisiert oft ein unausgesprochenes Misstrauen zwischen den Zeilen. Der Mitarbeiter interpretiert die Botschaft möglicherweise so: „Ich verlasse mich nicht darauf, dass Sie die Dinge wie besprochen und pünktlich umsetzen. Ich vertraue Ihnen nicht!" Gerade bei wichtigen Leistungsträgern kommt es darauf an, die Leine etwas lockerer zu halten und vermeintliche Kontrollfragen oder entsprechende Aktionen zu reduzieren. Führt der freie Handlungsspielraum nicht zur Realisierung der gewollten Ergebnisse, ist ein konstruktiver Dialog mit dem Mitarbeiter erforderlich. Sinnvoll ist es, vereinbarte Ergebnisse zu kontrollieren, jedoch nicht den Weg dorthin.

Kontinuität im Verhalten sichert die Vertrauensbasis

Wechselhaftes Verhalten ist Gift für Vertrauen. Kann der Mitarbeiter die Reaktion seiner Führungskraft nicht mehr einschätzen, führt das zur Unsicherheit und somit bald zu einem Vertrauensverlust. Konsistenz und Konsequenz im Verhalten sollten daher auch in unterschiedlichen Situationen bewahrt werden.

Vertrauensverlust durch Unsicherheit und Angst vermeiden

Angst entsteht immer dann, wenn keine klaren Leistungserwartungen kommuniziert werden, kein Feedback erfolgt, keine klaren Grundregeln festgelegt sind und keine nachvollziehbaren Entscheidungen getroffen werden. Unsicherheit ist die Quelle von Angst und blockiert jeden Versuch, Vertrauen aufzubauen. Sprechen Sie daher bitte immer deutlich aus, was genau Sie von Ihrem Mitarbeiter erwarten und geben Sie ihm zu gegebener Zeit eine Rückmeldung, wie Sie selbst den Fortschritt wahrnehmen. Bieten Sie - falls erforderlich - Ihre Unterstützung an.

Aufgabe 2: Zusammenarbeit gestalten

Die sieben Zwerge - eine „grimm"-ige Mär

Es waren einmal sieben Zwerge, die lebten hinter den sieben Bergen. Tag für Tag suchten Sie im Bergwerk nach Gold. Jeder der Zwerge war rechtschaffend, fleißig und achtete den anderen. Wenn einer von ihnen müde wurde, ruhte er sich aus, ohne dass es die anderen erzürnte. Wenn es einem von ihnen an etwas mangelte, so gaben die anderen bereitwillig und gerne. Am Abend, wenn das Tagewerk vollbracht war, aßen sie einträchtig ihr Brot miteinander und gingen zu Bett. Am siebten Tage ruhten sie.

Doch eines Tages meinte einer von ihnen, dass sie nicht so recht wüssten, wie viel denn geschafft sei und begann, die Goldklumpen zu zählen, die sie Tag für Tag aus dem Bergwerk schleppten. Und weil er so mit dem Zählen beschäftigt war, legte er seine Hacke für immer beiseite und die anderen schufteten für ihn mit. So war der Beruf des Buchhalters geboren. Nach einer Weile hob ein Murren an unter den Freunden, die mit Argwohn auf das Treiben des Siebenten schauten. Dieser erschrak und verteidigte sich mit dem Argument, dass das Zählen wichtig wäre, so sie doch wohl wissen wollten, welche

Leistung sie vollbracht hätten. Weil dies den anderen ungeheuer erschien, hörten sie kurz auf zu hacken und zu hämmern, legten alle ihre Schaufeln im Stollen ab und setzten sich am Tisch zusammen. So entstand das erste Meeting. Alle schüttelten die Köpfe, weil sie nicht verstanden, warum die abgebaute Menge an Gold abnahm. Und so berief der Buchhalter, welcher sich fortan als Controller bezeichnete, einen weiteren Zwerg damit, die anderen zu führen, damit der Lohn für alle recht gleichmäßig ausfiele. Der neu berufene Führer bezeichnete sich als Manager und legte seine Schaufel nieder. So arbeiteten noch fünf von ihnen, allerdings mit der Aufgabe, die Arbeit aller sieben zu erbringen. Die Stimmung unter den Zwergen sank und als der Manager von ihrem Wehklagen hörte, dachte er lange nach und ... erfand die Teamarbeit! Förderhin sollte jeder von ihnen gemäß seiner Talente nur einen Teil der Arbeit erledigen und sich darauf spezialisieren. So entstand der Taylorismus, welcher laut Definition ein System der wissenschaftlichen Betriebsführung mit dem Ziel ist, einen möglichst wirtschaftlichen Betriebsablauf zu erzielen. Aber ach! Das Tagewerk wurde nicht leichter und wenn einer von ihnen krank wurde, wussten die anderen weder ein noch aus. Als der Manager sah, dass es schlecht bestellt war um seine Kollegen, beförderte er einen von ihnen zum Gruppenführer und Betriebsleiter, damit dieser die anderen ermutigte und motivierte, mehr zu leisten. So musste der Manager sein warmes Kaminfeuer nicht mehr verlassen, er hatte ja genügend an Aufgaben delegiert. Leider legte auch der Gruppenleiter, welcher nunmehr den Takt angab, seine Schaufel und seine Hacke nieder und traf sich mit dem Manager immer öfter zu internen Führungsmeetings.

Nun arbeiteten nur noch vier. Die Stimmung sank ebenso weiter wie die Fördermenge an Gold. Als die Zwerge wütend an die Bürotür des Managers traten, versprach er baldige Abhilfe und organisierte eine kleine Fahrt in der Lore, damit die Zwerge wieder Gemeinschaftssinn entwickeln konnten und sich im

Bergwerksbetrieb wohl fühlten. So war die erste Incentive-Maßnahme der Geschichte entstanden. Damit aber die Menge des geförderten Goldes nicht nachließ, fand die Fahrt am Wochenende statt. Und damit der Manager die Fahrt als Geschäftsreise steuerlich absetzen konnte, hielt er einen langatmigen, wohlfeil formulierten Vortrag, den er in fremdartige Anglizismen kleidete und die keiner der anderen mehr verstand, obwohl sie andächtig und ob der vermeintlich gewaltigen Worte offenbar schwer beindruckt lauschten. Es gab Applaus, doch nach dem herausragenden Vergnügen fragte sich jeder der Zwerge, was sie denn tatsächlich gehört und wofür sie ihren Applaus gegeben hatten. Eines Tages kam es zum offenen Streit, denn die Zwerge hatten einen Betriebsrat gegründet. Sie warfen ihre Schaufeln hin, stampften mit ihren Füßen, ballten ihre Fäuste und hielten Protest-Banner in die Höhe. Wieder erschraken der Manager, sein Controller und sein Betriebsleiter. Auf der Betriebsversammlung im Bergwerksstollen versprachen sie ihren ehemaligen Kollegen, neue Zwerge anzuwerben, die ihnen helfen sollten und nannten diese Maßnahme „Outsourcing". Doch es herrschte akuter Fachkräftemangel. Dennoch fanden sie einige Zwerge, die allen fremd vorkamen und nicht ganz firm in der hiesigen Zwergensprache waren. Und weil sie so anders waren und nicht so recht in die kleine ursprüngliche Gemeinschaft passten, musste ein Integrationsbeauftragter her, der wiederum dem Management berichten sollte.

So arbeiteten nur noch drei der ehemaligen Kerntruppe. Weil nun jeder von den alten und neuen Mitarbeitern auf ihre jeweilige Art andere Arbeiten erledigte und weil für zwei verschiedene Gruppen von Arbeitern zwei verschiedene Abteilungen nötig wurden, begann unter ihnen ein regelrechter Wettbewerb. So wurden die ersten Kostenstellen geschaffen. Doch jeder sah voller Misstrauen auf die Leistung des anderen, hielt sein eigenes Know-how jedoch geheim, anstatt es wie früher zu teilen und so erhob sich ein Knurren und Murren unter ihnen, welches stärker und stärker wurde. So erfand das Management eine Zeit- und Arbeitsvorbereitungsstelle (AV), welche einer der ehemaligen Zwerge übernahm, um festzustellen, dass die Schaufel falsch gehalten wurde, was sich ändern müsse, um die Produktivität zu steigern.

Von den ursprünglichen sieben Zwergen arbeiteten somit nur noch zwei. Währenddessen stellte der Controller fest, dass die externen Leiharbeiter mehr an Kosten verursachten als sie an Gewinn einbrachten und sich überdies die Auslastung der zwei internen Zwerge senkte. Schließlich entließ das Management alle fremden Zwerge mit befristetem Arbeitsvertrag. So wurde einer von den beiden verbliebenen Zwergen zum Personalleiter ernannt und legte seine Schaufel nieder.

Nun arbeitete nur noch ein letzter Zwerg in den Minen. Und der lernte in seiner kargen Freizeit, die nur noch aus mühsam abgerungenen Überstunden bestand, eine wohlhabende Zwergin kennen, die ihm den Kopf verdrehte. Über beide Ohren verliebt beantragte der Zwerg Frührente und warf seine Schaufel endlich hin. So war das Bergwerk schließlich kurz vor der Pleite und jeder fragte sich warum.

Niemals waren die geistigen Zwerge auf die Idee gekommen, technische Innovationen zur Substitution der nun nicht mehr vorhandenen Humankapital-Ressourcen einzuführen. Und wenn sie nicht gestorben sind, verwalten sie noch heute ihr nicht mehr förderbares Gold.

***

Soweit soll es natürlich nicht kommen. In unserer heutigen modernen Dienstleistungsgesellschaft soll Teamarbeit dazu beitragen, die Leistungen der jeweils beteiligten Teammitglieder einer Gruppe innerhalb eines Unternehmens oder einer Non-Profit-Organisation zu stärken und zu einem vergleichsweise besseren Gesamtergebnis führen. Es gilt gemeinhin also der althergebrachte Grundsatz:

„Das Ganze ist mehr als die Summe seiner Teile."
(Aristoteles)

Arbeiten demnach drei Kollegen gemeinsam an einem Projekt, erreichen sie eben mehr, als jeder für sich alleine. Aber ist das wirklich so? Auch wenn von Teamarbeit immer wieder in höchsten Tönen jubiliert wird, zeigt sich häufig, dass die gemeinsame Arbeit einige Schattenseiten mit sich bringt. Der Einzelne beginnt, sich auszuruhen und verlässt sich darauf, dass die anderen das Ding schon schaukeln werden. Wie das endet, wenn immer mehr Teammitglieder sich dieser Einstellung anschließen, sieht man an den sieben Zwerge. Doch es gibt noch weitere Faktoren, die dazu führen, dass Teamwork bei weitem nicht immer so effektiv ist, wie angenommen.

Angst vor Fehlern

Die meisten Menschen haben Angst davor, einen Fehler zu machen. Noch schlimmer wird dies allerdings, wenn es innerhalb des gesamten Teams passiert. Niemand möchte sich diese Blöße geben, also bleiben einige Ideen im Team unausgesprochen oder es wird ein neuer Ansatz nicht ausprobiert, um sich nicht dem Risiko des Scheiterns auszusetzen.

Mangelnder Wissenstransfer

Im Team sind alle Informationen vorhanden, doch das bedeutet nicht, dass diese auch für alle zugänglich sind. Immer wieder kommt es bei der Teamarbeit zu dem Problem, dass Informationen und Wissen nicht mit allen geteilt wird. Manche Zeitgenossen nutzen egoistisch ganz gezielt ihren „Vorsprung durch geheimes Wissen", um sich unentbehrlich für die eigene Firma zu machen. Sie geben ihr Know-how nicht weiter und schaden damit dem Unternehmen. Sie handeln verantwortungslos. Sie lassen die Nachwuchskräfte nicht zum Zuge kommen und höhlen so den Baum aus, an den sie sich selbst lehnen und sägen am Ast, auf dem sie selbst sitzen. Sie schaffen keinen Firmenmehrwert und gefährden dadurch paradoxerweise nicht nur ihr Unternehmen, sondern auch die eigene Position und ihren Arbeitsplatz.

Übertriebener Ehrgeiz

In einigen Teams werden die Kollegen eher als Konkurrenten angesehen, gegen die man sich auf dem Weg zum Erfolg durchboxen muss. Wo es auf Teamwork und Synergie-Effekte ankommt, ist egoistisches Denken und Handeln unangebracht.

Die optimale Teamgröße

Gegen Ende des vorletzten Jahrhunderts, so zwischen 1882 und 1887 um etwa 12 Uhr mittags, ließ der französische Agraringenieur Maximilian Ringelmann acht Männer vor einen Wagen spannen und kräftig ziehen. Nicht etwa, weil gerade keine Pferde oder Ochsen zur Hand waren oder weil Ringelmann einen späten Versuch zur Rückkehr in die Sklaverei starten wollte, was angesichts des bevorstehenden Zeitalters der Industrialisierung ohnehin kein Mensch bemerkt hätte, sondern weil er ein Experiment vornehmen wollte, um die Effektivität landwirtschaftlicher Maschinen gegenüber dem Einsatz von Arbeitern zu testen. Das Ergebnis ging später als erstes sozialpsychologisches Experiment überhaupt in die Geschichte ein und wurde als der sogenannte „Ringelmann-Effekt" bezeichnet. Je mehr Menschen Ringelmann gleichzeitig an der Last ziehen ließ, desto weniger Leistung erbrachten die einzelnen Teilnehmer. Was der Ingenieur seinerzeit eher zufällig entdeckte, war das Phänomen des „sozialen Faulenzens". Die amerikanischen Psychologen Harkins, Lantané und Williams prägten hierfür erst 1979 den Begriff des Social Loafing, also das Ausruhen auf Kosten anderer. Oder anders formuliert, mit zunehmender Zahl der Gruppenmitglieder sinkt die Leistung des Einzelnen. Wird das Ausruhen auf Kosten anderer von den Teammitgliedern erkannt und bleibt es ohne Folgen, so verstärkt das dabei empfundene Unrechtsgefühl den Effekt noch weiter, so dass auch andere Teammitglieder ihrerseits ihr Engagement reduzieren, um nicht ausgenutzt zu werden. Hinzu kommt, dass mit wachsender Gruppengröße auch die Zahl der unterschiedlichen Meinungen, Ideen und Team-Diskussionen zunimmt, damit auch alle Anliegen Gehör finden, was zunächst einmal positiv ist. Irgendwann jedoch übersteigt der Organisations- und Koordinierungsaufwand den potenziellen Nutzen. Bei nur zehn Teammitgliedern gibt es rechnerisch schon 45 Kommunikationsmöglichkeiten. Unterhält sich dabei jeder mit jedem nur zehn Minuten am Tag, sind - nur mit Reden und ohne Produktivität - schon siebeneinhalb Stunden vergangen, was einem kompletten Mann-Tag entspricht.

Als Wissenschaftler um Peter Klimek von der Medizinischen Universität Wien das Phänomen vor einigen Jahren mit Hilfe von Computersimulationen untersuchten, stellten sie fest, dass die Wahrscheinlichkeit für einen Konsens mit zunehmender Gruppengröße sank. War das Team gar größer als 20 Mitglieder, zerfiel es regelmäßig in Splittergruppen, die sich zudem noch unversöhnlich gegenüberstanden.

Es gab eine auffällige Ausnahme. Mit fünf bis acht Mitgliedern war das optimale Team gefunden. Hier gab es die wenigsten Reibungsverluste und die schnellsten Einigungen beziehungsweise die raschesten Entscheidungen. Über diese genaue Zahl lässt sich natürlich trefflich streiten. Nicht zuletzt hängt die optimale Teamgröße von den verfügbaren Kollegen und der Aufgabe ab. Aber vermutlich wird sich in der Mehrheit der Fälle die adäquate Mitgliederzahl irgendwo um diesen Wert bewegen.

Nach meiner Erfahrung kann die Teamgröße maximal bei 11 liegen. So viele Spieler auf dem Fußballfeld kann der Trainer der Mannschaft gerade noch überblicken und dirigieren.

Wenn die sieben Zwerge das nur gewusst hätten ...

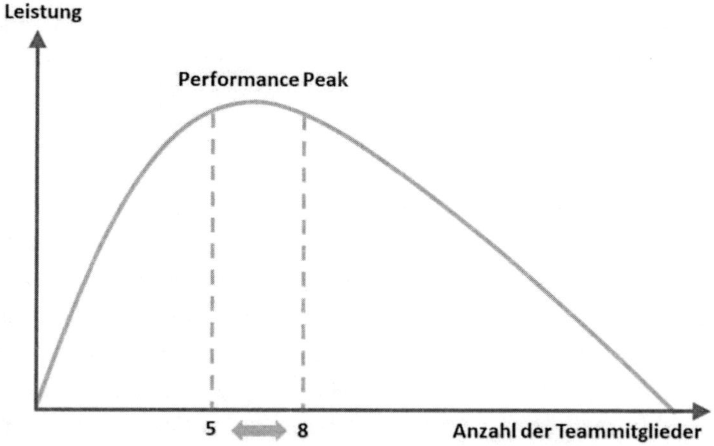

Checkmark...

... zur optimalen Teamgröße

- ☐ Können Sie alle Teammitglieder ad hoc mit Namen aufzählen?
- ☐ Sind die Rollen- und Aufgabenverteilung jedem im Team bekannt?
- ☐ Wird im Team ausnahmslos jeder gebraucht?
- ☐ Können die Aufgaben mit diesem Team besser gelöst werden als ohne dieses Team?
- ☐ Funktioniert der Informationsaustausch stets reibungslos und schnell?

Welche Typen braucht ein Team?

Für eine effektive Teamarbeit sollten die erforderlichen Teamrollen zuerst definiert und anschließend den einzelnen Teammitgliedern zugeordnet werden. Wie bei der Fußballmannschaft nutzen Teamplayer unterschiedliche Taktiken und Strategien, um ein gemeinsames Ziel zu erreichen. Sobald jedes Teammitglied sich seiner Rolle bewusst wird, kann produktiv gearbeitet werden.

Rollen im Team

Ein Beispiel für eine Teamrolle könnte die Rolle eines „Machers" sein, der stets aufgaben- und zielorientiert vorgeht. Ein Macher setzt alles daran, tätig zu werden, um das Team voranzubringen. Da solche Personen Gruppen gerne zur Aufgabenbearbeitung antreiben, ist ein Gegenpol, also ein „Teamplayer" hilfreich. Diese Teamplayer behalten die sozio-emotionalen Bedürfnisse anderer Mitglieder im Auge, wirken ausgleichend und deeskalierend. Ähnliche Gegensätze bestehen zwischen „Neuerern, Erfindern oder Visionären" und „Beobachtern bzw. Kritikern". Während erstere sich lieber mit neuen Lösungen und kreativen Wegen auseinandersetzen, analysieren und evaluieren letztere eher die Brauchbarkeit, Machbarkeit oder Finanzierbarkeit. Teamrollen-Balance beschreibt die Komplementarität verschiedener Teamfunktionen. In einem Team sollten Personen in gegensätzlichen Teamrollen zusammenarbeiten. Keine homogene Gruppe kann langfristig Teamerfolge erzielen. Hierdurch würden in bestimmten Phasen oder Situationen dem Team Ressourcen fehlen. Ein Team, das beispielsweise lediglich aus Visionären besteht, wird nicht handlungsfähig sein, da niemand für die Umsetzung verantwortlich ist oder die Richtung vorgibt. Zum anderen könnten einseitig besetzten Teams rasch die Kreativität oder analytische Kontrolle fehlen. In einem funktionierenden Team werden Stärken besser genutzt und Schwächen gleichen sich aus.

In der Praxis haben sich einige Teamrollensysteme herauskristallisiert. In jedem Fall führt der Teamrollenansatz in Arbeitsgruppen zu mehr Verständnis untereinander.

Als Beispiel für die Charakterisierung von Teamrollen sei das Modell nach Belbin erwähnt. Hier werden drei übergeordnete Basis-Gruppen unterschieden, innerhalb derer wiederum drei Rollentypen existieren.

Kommunikations-orientierte Rollen		**Wissenschafts-orientierte Rollen**		**Handlungs-orientierte Rollen**	
Weg-bereiter	enthusiastisch kommunikativ erkundet Gelegenheiten und entwickelt Kontakte	**Neuerer**	Ideengeber kreativer Denker sieht Probleme als Herausforderung	**Macher**	fordernd und dynamisch überwindet Hindernisse setzt Ziele und Prioritäten
Koordi-nator	selbstsicher reif steuert den Teamfortschritt	**Beobach-ter**	besonnener, strategischer Denker bewertet objektiv und kritisch scharfsinnig	**Umset-zer**	pflichtbewusster Praktiker effizient tut, was getan werden muss
Team-arbeiter	umgänglich, zurückhaltend ausgleichend setzt Ideen systematisch und methodisch um	**Spezialist**	fachkundig und zielstrebig bringt spezifisches Wissen ein	**Perfek-tionist**	gewissenhaft diszipliniert prüft und überwacht Termine, Qualität und Prozesse

Viele Teammitglieder können durchaus mehrere Eigenschaften besitzen. Entscheidend für Sie als Führungskraft bei der Teambesetzung ist es, welche Eigenschaften beim Einzelnen überwiegen und daher für eine Rollenzuweisung ausreichen. Grundsätzlich ist zu überlegen, welche Aufgaben anstehen und wie sich das Team hinsichtlich der konkreten Arbeitsaufgabe zusammensetzen sollte. Während in einer Medienagentur für die Konzeption eines Werbefilms eher Neuerer, Macher oder Spezialisten gefragt sind, werden in einem Planungsbüro oder bei einem technischen Projekt eher Umsetzer, Teamarbeiter und Perfektionisten erforderlich sein. Komprimiert und auf den Punkt gebracht, benötigt das perfekte Team in der Praxis aufgrund meiner Erfahrung folgende drei Typen bzw. Charaktere:

Das Gegenteil von Ihnen

Viele Unternehmen haben die Angewohnheit, gleichartige Klone als Teammitglieder einzusetzen. Diese harmonieren zwar gut mit allen anderen, denken aber auch so wie die anderen. Daraus entstehen in der Folge ein Einheitsbrei und ein permanentes Mittelmaß. Wer allerdings Inspiration und Innovationen sucht, braucht Diversität in Denken, Kultur und Erfahrung.

Den analytischen Realisten

Bei aller Kreativität brauchen Sie immer auch einen Pragmatiker, der sich auf das Machbare konzentriert. Und dies mit viel an gutem Willen. Er prüft, was nötig ist, um die Idee umzusetzen, was es kosten würde und welche Schritte in welcher Reihenfolge unternommen werden müssen.

Einen leidenschaftlichen Verkäufer

Was nutzt die beste Lösung, wenn Sie davon hinterher keinen begeistern können, allen voran die Geschäftsführung und in Folge auch Ihre Kunden. So ein Promoter hilft zudem, die Stimmung im Team aufrecht zu halten, sofern Zweifel überhand nehmen sollten.

Wie Sie als Führungskraft Hochleistungsteams entwickeln

Wie können Sie Reibungsverluste im Team vermeiden, Synergieeffekte optimal nutzen und damit Ihr Team zu Hochleistungen führen? Ein guter Feldherr sei nur so gut wie eine halbe Armee, sagen Strategen. Anders ausgedrückt, Mitarbeiter bilden die Basis für den Erfolg einer Führungskraft und sind gleichzeitig das Grundgerüst für ein Unternehmen. Umso wichtiger ist es, das Team als das zu behandeln, was es ist, eine unersetzbare Ressource.

Die 8 Erfolgsfragen zur Teamentwicklung

Wer sind wir?

Jedes Teammitglied bringt verschiedene Stärken ein und wird Probleme auf unterschiedliche Art und Weise angehen. Die Mitglieder des Teams sollten wissen, wie jeder „tickt", so dass individuelle Unterschiede vorteilhaft genutzt werden können, damit das Team insgesamt ein optimales Leistungsniveau erreicht.

Wo stehen wir zurzeit?

Bevor eine Teamplanung und -bildung in Gang kommt, sollten die Teammitglieder zunächst die vorhandenen Stärken und Schwächen sowie die künftigen Chancen und Risiken einschätzen können, welche von außen (Unternehmen, Marktteilnehmer, Gesellschaft) wirken.

Wohin bewegen wir uns?

Um mit Energie, Engagement und Enthusiasmus zu arbeiten, benötigt das Team eine Vision, die im Einklang mit ihrem Auftrag und den Zielen steht.

Wie kommen wir dorthin?

Um eine Vision zu realisieren, ist es notwendig, sich systematisch Meilensteine, Aktionspläne und Leistungsmaßstäbe zu setzen. Bevor die Reise beginnt, ist eine Route zu planen, die das Team von dem Punkt aus, wo es sich zurzeit befindet, nehmen wird.

Was wird von uns erwartet?

Leistung kann von Menschen nur erbracht werden, wenn sie wissen, was von ihnen erwartet wird. In einem Hochleistungsteam kennen alle ihre Rolle im Team, ihren jeweiligen Auftrag und, was am wichtigsten ist, wofür genau sie verantwortlich sind.

Welche Unterstützung erhalten wir?

Wenn Teammitglieder ihre Vision in die Tat umsetzen sollen, so brauchen sie Training und Entwicklungsprogramme, Moderation ihrer Arbeit, Coaching und Beratung bzw. ganz allgemein den Erwerb von Kompetenz in verschiedensten Bereichen.

Wie erfolgreich/effektiv sind wir?

Ein Hochleistungsteam überprüft regelmäßig seine Effektivität und arbeitet ständig an der Verbesserung seiner Leistung. Es können Benchmarks für den Erfolg aufgestellt und Prozesse etabliert werden, die das Team befähigt, aus Fehlern zu lernen und nicht Erreichtes zu hinterfragen.

Welche Anerkennung erhalten wir?

Im Allgemeinen werden Teams ihr höchstes Energielevel nicht erreichen, wenn sie nicht eine angemessene Anerkennung für die Leistungen erhalten, die jeder im Team erbringt. Das kann zum Beispiel durch Feedback, Geld, Zusatzleistungen und Beförderungen erfolgen.

Teamkonflikte: So lässt sich Streit schlichten

Es ist nicht immer alles eitel Sonnenschein im Team. Wo mehrere Menschen zusammenkommen, gibt es immer Persönlichkeiten, die weniger gut miteinander auskommen. Meinungsverschiedenheiten und konträre Einstellungen sind natürlich und völlig normal. Die einfachste Lösung, Konflikten aus dem Weg zu gehen, ist es, persönliche Nähe zu meiden. Das ist jedoch gleichzeitig auch die schlechteste Lösung. Je nach Größe eines Teams ist es oftmals gar nicht möglich, persönliche Konfrontationen zu vermeiden. Schwelende Konflikte sind auf den ersten Blick nur schwer zu erkennen. Erst wenn sie offen ausgetragen werden, können Sie eingreifen. Dies sollte frühzeitig geschehen.

„Jeder kann wütend werden, das ist einfach.
Aber wütend auf den Richtigen zu sein, im richtigen Maß, zur richtigen Zeit, zum richtigen Zweck und auf die richtige Art, das ist schwer."
(Aristoteles, griechischer Philosoph und Naturforscher, 384-322 v. Chr.)

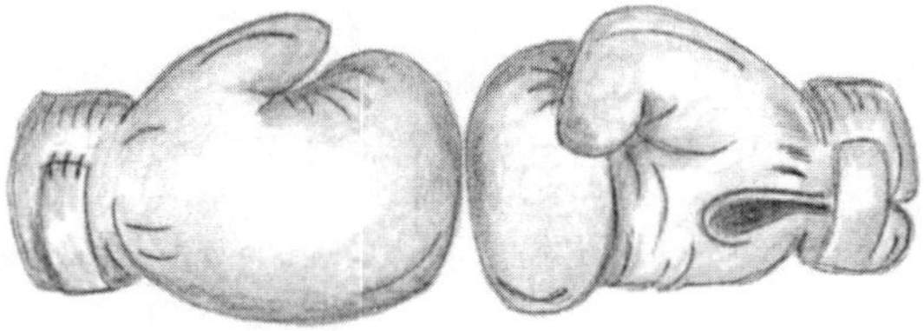

Teamkonflikte sind etwas völlig normales und müssen keinerlei Bedrohung für ein gesundes Arbeitsverhältnis sein. Es kommt allerdings auf die Qualität eben jener Konflikte an. Gegen eine gesunde Streitkultur ist nichts einzuwenden, wenn die offen ausgetragenen Meinungsverschiedenheiten zu Kompromissen führen, um anstehende Probleme in den Griff zu bekommen. Fliegen allerdings bereits sprichwörtlich die Fetzen und wird es laut, dann ist definitiv ein Punkt überschritten. Greifen Sie also rechtzeitig ein, da andernfalls nachhaltig Beziehungen gestört werden können. Das vergiftet nicht nur das Betriebsklima, sondern kann ebenfalls negative Auswirkungen auf die Geschäftsentwicklung haben. Hier ist das Einfühlungsvermögen von Führungskräften gefragt, die sich abzeichnende Teamkonflikte frühzeitig erkennen und gegensteuern. Eine gute Beobachtungsgabe und ein Gespür für Zwischentöne sind unentbehrlich, denn oftmals werden Führungskräfte durch Streitigkeiten der Mitarbeiter in den Konflikt mit einbezogen und verhalten sich nicht mehr neutral, weil sie Position für die eine oder andere Seite beziehen. Sich die Zeit für Ihre Mitarbeiter zu nehmen und regelmäßige Bestandsaufnahmen durch Feedbackgespräche durchzuführen, können dabei helfen, Teamkonflikte zu vermeiden und Warnsignale wahrzunehmen.

Verhalten in Konfliktsituationen

Wird aus einem schwelenden Konflikt ein offener Streit, wird häufig wenig konstruktive Kritik von den Teammitgliedern untereinander eingebracht oder angenommen. Um wirkungsvolle Methoden zur Schlichtung von Teamkonflikten anwenden zu können, müssen zunächst einmal die Konfliktursachen erkannt werden, um Lösungsansätze zu finden. Die Art und Weise, wie ein Konflikt ausgetragen wird, kann von Schuldzuweisungen für gemachte Fehler bis hin zu Sanktionsforderungen gegenüber einem Teammitglied bei der Führungskraft reichen.

Eine wirkliche Berechtigung hat allenfalls der Konfliktauslöser, gemachte Fehler kritisch anzusprechen, denn dies ist vorwärts gedacht und daher sogar bis zu einem bestimmten Grad wünschenswert. Anstatt nach einem Sündenbock zu suchen, sollte kooperativ und konstruktiv mit dem Problem umgegangen werden. Viele andere Konfliktgründe sind eher persönlicher Natur und schlichtweg fehl am Platz, da sie nicht auf einer Sachebene angesprochen werden. Das gilt insbesondere dann, wenn der Eindruck entsteht, dass jemand vorgeführt werden soll, nur damit ein anderer sich in den Vordergrund stellen kann, um sich wichtig zu machen. Da die Rückkehr zur Sachebene unter Performance-Aspekten das Hauptziel beim Schlichten von Teamkonflikten sein muss, sollten Sie folgende Punkte und Fragestellungen berücksichtigen.

Gesprächsvorbereitung zur Konfliktmoderation

Führen Sie mit jedem der Beteiligten vorab ein Vieraugengespräch darüber, wie er den Konflikt sieht, wo aus seiner Sicht die wirklichen Ursachen, die verfolgten Interessen und Ziele und für ihn mögliche Lösungen liegen. Legen Sie vorab die Gesprächsregeln fest. Nach den geführten Erstgesprächen überprüfen Sie, ob eine Konfliktmoderation überhaupt angebracht ist oder andere Maßnahmen (z.B. Kritikgespräch, organisatorische Regelung, Entscheidung der Führungskraft) für die Situation wirksamer sind.

Machen Sie sich Ihre eigenen Gedanken über den Konflikt, die Beteiligten und weitere Gespräche:

- Was war der Auslöser für den Konflikt?
- Welche Gründe / Ursachen stecken scheinbar oder wirklich dahinter?
- Gibt es einen „Schuldigen" oder handelt es sich um verschiedene Sichtweisen?
- Wie weit ist der Konflikt fortgeschritten? Darf bei beiden Konfliktparteien noch jede Seite gewinnen?
- Handelt es sich um einen akuten oder um einen chronischen bzw. schwelenden Konflikt? Kann er offen angesprochen werden?

- Welches Verhalten zeigen die Gesprächspartner überwiegend? Mit welchem Verhalten im Gespräch können Sie rechnen (z.B. bei Kritik, unter Stress)?
- Welche Lösungsmöglichkeiten könnten Sie sich vorab vorstellen? Sammeln sie brauchbare Ideen hierzu.

Gesprächsablauf

- Schaffen Sie ein positives, optimistisches Klima, bedanken Sie sich für das Kommen, halten Sie jedoch keinen Smalltalk ab, sondern steigen Sie direkt ins Thema ein.
- Sprechen Sie die Zielsetzung des Gespräches an, skizzieren Sie den groben Ablauf und bitten Sie um absolute Offenheit.
- Legen Sie auch die Gesprächsregeln fest, dazu zählen z.B., dem anderen gegenüber Wertschätzung entgegenzubringen und den Gesprächspartner ausreden zu lassen. Beachten Sie das Prinzip der ausgewogenen Gesprächsführung und achten Sie darauf, dass jede Seite in etwa gleiche Gesprächsanteile erhält.
- Im Anschluss legen die Konfliktbeteiligten nacheinander ihre Ansicht über die Ursachen dar. Ein kurzes Nachfragen ist erlaubt, fassen Sie als Moderator das Gesagte immer wieder zusammen und machen Sie sich Notizen als Merkhilfe.
- Stellen Sie als Führungskraft die Konfliktsituation und die Ursachen aus Ihrer subjektiven Sicht dar.
- Stellen Sie fest, wo Gemeinsamkeiten und wo unterschiedliche Interessen bestehen.
- Sammeln Sie alle möglichen Lösungen wie in einem Brainstorming und halten Sie immer alles schriftlich fest.
- Bewerten Sie gemeinsam mit den Konfliktparteien die erarbeiteten Lösungsmöglichkeiten mit dem Ziel, das Einverständnis beider Seiten zu gewinnen. Erst wenn kein Vorschlag der Konfliktparteien zum Ziel führt, können Sie einen unverbindlichen Vorschlag zur Lösung einbringen.

Berücksichtigen Sie dabei jeweils den Nutzen für beide Seiten und argumentieren Sie entsprechend.

- Treffen Sie im Anschluss konkrete Vereinbarungen. Wer macht was bis wann?
- Falls bei diesem Gespräch noch kein konkretes Ergebnis zustande kommt, sprechen Sie als Führungskraft noch kein „Urteil". Ansonsten wären Sie eher Richter als Schlichter. Vertagen Sie in diesem Falle die Verhandlung und teilen Sie den Parteien Ihre Entscheidung in einem Folgegespräch mit. So können sich die Betroffenen möglicherweise noch vorher untereinander einigen.
- Schließen Sie das Gespräch positiv ab und bedanken Sie sich für die Offenheit.

Gesprächsnachbereitung

- Beobachten Sie die Stimmungslage, ob eine Entspannung/Verbesserung eintritt.
- Geben Sie den Mitarbeitern Feedback über ihr Verhalten nach den Gesprächen.

Zauberwort Agilität - Wie die Teamarbeit davon profitiert

Unter Agilität versteht man im betrieblichen Kontext die Fähigkeit, in Zeiten des Wandels und der Unsicherheit flexibel, aktiv, anpassungsfähig und mit Initiative zu handeln.

Die sogenannten „agilen Methoden" stammen ursprünglich aus der Softwareentwicklung und sind darauf ausgerichtet, die Arbeit im Team wieder produktiver - und damit ihrem Ruf gerecht - zu gestalten. Die Wirksamkeit dieser Vorgehensweise lässt sich auf jedes Team übertragen. Ich möchte Ihnen nun die sieben wichtigsten Grundsätze des agilen Teamworking vorstellen und aufzeigen, wie Ihre eigene Teamarbeit davon profitieren kann.

Fassen Sie sich kurz

Standup-Meetings sind im agilen Umfeld oft nur 15 Minuten lang, dafür finden sie jeden Tag statt. Es werden nicht wie bei einem wöchentlichen Jour fixe in einem klassisch organisierten Unternehmen erst einmal Abteilungswunden geleckt und bejammert oder sich gerechtfertigt. Es geht vielmehr um den Fortschritt oder darum, Hindernisse beim Weiterkommen zu beseitigen. Detailthemen werden nach dem Meeting bilateral durch die Verantwortlichen in Eigenregie geklärt. Geben Sie Meetings daher einen knappen Zeitrahmen, lassen Sie diese öfter stattfinden und konzentrieren Sie sich ausschließlich auf qualitative Faktoren. Ein Meeting ist dabei umso kürzer, je häufiger diese im Stehen stattfinden. Benutzen Sie die Stehtische aus Ihrer Betriebskantine anstatt gut klimatisierte Besprechungsräume. Ohne Beamer und ohne feine Häppchen und Getränke geht es oftmals schneller.

Veröffentlichen Sie Fehler

In konservativen Firmen wird noch immer viel vertuscht und unter den Teppich gekehrt. In der agilen Welt ist das tabu. Dort kommen Fehler sofort auf den Tisch, und zwar gleich als Vorspeise. Es wird niemand angeklagt oder beschimpft, Schuldzuweisungen gibt es nicht. Punktum, Fehler gehören dazu. Denn alle wissen, dass Kreativität und Innovation ohne Fehler gar nicht möglich sind. Nicht ohne Grund heißt es in diesem Zusammenhang „trial and error" oder auch „Versuch macht klug". Ich kenne keinen Unternehmer, der sich über Fehler freut. Deswegen stehe ich Aussagen wie „liebe den Fehler" eher kritisch gegenüber. Was jedoch wichtig erscheint, ist ein offener Umgang mit Fehlern. Stellen Sie daher sicher, dass die Vertuschung stärker sanktioniert wird als der Fehler selbst, denn es geht nicht um irgendwelche Schuldfragen. Hinterfragen Sie, wie lange der Fehler bereits bekannt ist und ob er evtl. bereits mehrfach gemacht wurde. Lügen und Ausweichmanöver müssen ein absolutes „no go" sein.

Drehen Sie ein paar Schleifen mehr

Der Kern der agilen Arbeitsweise ist das iterative, also schrittweise Planen. Dabei werden mehrere Schleifen gedreht, die einem kontinuierlichen Verbesserungsprozess entsprechen. Das Erreichte wird demnach permanent in Frage gestellt. Die Japaner bezeichnen dies mit „Kaizen". Dieser Begriff setzt sich zusammen aus „Kai" (Veränderung, Wandel) und „Zen" (zum Besseren). Damit ist die permanente Verbesserung von Tätigkeiten, Abläufen, Verfahren oder Produkten durch alle Mitarbeiter eines Unternehmens gemeint. Anstatt also eine 80-Prozent-Lösung auf ein definiertes Ziel hin zu entwickeln, wird das momentane Produkt oder der jetzige Status Quo in immer kleineren Schritten weiter optimiert. Dabei kommen Aspekte an die Oberfläche, die das Team am Anfang des Prozesses oft gar nicht wahrgenommen hat. Ob es sich dabei um Software-Updates, Küchenrezepte, Produktverbesserungen oder Organisationsoptimierungen handelt, spielt keine Rolle. Die iterative

Vorgehensweise bewährt sich in vielen Bereichen und hat nebenbei auch positive Auswirkungen auf die Lernkurve im Team. Nutzen Sie iterative Planungsverfahren und sorgen Sie für kontinuierliche Weiterentwicklung zur Gestaltung Ihres eigenen „Zen"-Gartens.

Vergessen Sie Ziele manchmal und experimentieren Sie stattdessen

Gut formulierte Ziele sind wichtig und haben eine motivatorische Wirkung. Doch in der agilen Welt hat die berühmte SMART-Formel, nach der Ziele spezifisch, messbar, attraktiv, realistisch und terminiert sein sollen, nur noch eine eingeschränkte Bedeutung. Denn je komplexer eine Aufgabe wird, umso schwerer wird es, solche konkreten Ziele zu setzen oder zu formulieren. Bei Gründungsvorhaben, Firmenübernahmen, Nachfolgeregelungen oder gar internationalen Expansionsstrategien ist das offensichtlich. Auch empirisch ist erwiesen, dass zunehmende Komplexität die Wahrscheinlichkeit der ursprünglich anvisierten Zielerreichung senkt. Probieren Sie also besser etwas aus, riskieren Sie etwas, disponieren Sie kurzfristiger und freuen Sie sich über positive und überraschende Ergebnisse. Machen Sie weiter und praktizieren Sie „Kaizen". Ist die Aufgabe zu komplex, versteifen Sie sich nicht auf die Ziele, sondern experimentieren Sie, um ggf. alternative Wege zur Zielerreichung zu finden.

Nutzen Sie das Wissen von Vielen

In agilen Teams wächst das Wissen besonders stark an. Im Softwarebereich coachen erfahrene Programmierer weniger erfahrene und sorgen damit für frischen und dynamischen Wind im Unternehmen. Anstatt ihr Wissen in „Smaugs Einöde" zu horten, geben die Entwickler es weiter. Wissen ist Macht? Das war früher so. Heute hat derjenige die Macht, der sein Wissen und seine Praxiserfahrungen mit den richtigen Menschen teilt und ausbaut.

Bilden Sie ein Tandem

Im agilen Umfeld der Softwarebranche bezeichnet man dieses Prinzip als „Pair Programming", also paarweises Programmieren. Diese Form der Zusammenarbeit im Miniteam ist besonders effektiv, denn das „Social-Loafing", bei denen sich Teammitglieder in die virtuelle Hängematte legen, ist praktisch ausgeschlossen. Außerhalb der IT-Branche wird noch selten mit „Tandems" oder „Zellen" gearbeitet, also Teil-Teams, die intensiv mit einer Aufgabe betraut sind. Dabei wäre dies überall dort, wo es um (Teil-)Lösungen geht, ein überaus sinnvoller Ansatz. Arbeiten Sie - wenn möglich - in kleinen Teams. Das steigert die Produktivität.

Seien Sie geduldig mit Kunden

In vielen Unternehmen werden Kunden mehr oder weniger beinahe „traditionell" auf Abstand gehalten. Es gibt ein Briefing des Kunden, ein Debriefing des Unternehmens. Man taucht unter und taucht wieder auf mit einem für den Kunden alternativlosen Ergebnis, wie z.B. einer vollständig ausgearbeiteten Werbekampagne. Im agilen Umfeld ist der Kunde viel stärker in den Entwicklungsprozess eingebunden. Das agile Team steht im ständigen Austausch mit dem Auftraggeber und seinen wechselnden Anforderungen. Auch wenn das Mühe macht, es ist eben immer alles im Fluss. Stehen Sie in ständigem Austausch mit Ihren Kunden.

Zusammenarbeit 4.0 oder: Die E-Mail ist tot. Hoch lebe die Kollaboration!

Früher war die E-Mail eine Revolution gegenüber dem Fax, dem Telex oder dem traditionellen Brief mit Briefmarke. Die Technik hat sich innerhalb der letzten 20 Jahre so rasant fortentwickelt, dass wir heute darüber staunen, dass es einst noch Telefonzellen, Wählscheiben oder Lochkarten gab. Die Produktlebenszyklen werden immer kürzer und wir fragen uns, was wohl morgen auf uns zukommen mag. Die Mail von gestern hat sicherlich noch einige Jahre ihre Existenzberechtigung, jedoch eher im privaten Bereich als in Bereichen, wo es um Zusammenarbeit und Teamwork geht. Bisweilen ist – zumindest für mich – die E-Mail zu einer echten Belastung, zu einem Kostenfresser und zu einem Zeitdieb geworden. Was hilft es, jeden Morgen eine dreiviertel Stunde die Spams vom Vortag durchzuforsten in der Hoffnung, vielleicht doch eine wichtige Mail von gestern aufzustöbern und in Outlook ständig Absender zu sperren und irgendwelche „Regeln" zu programmieren, die der Absender ja gar nicht kennen kann. Dann kommen auch noch diese Phishing-Mails und virenverseuchten Anhänge hinzu, die unseren Geschäftsbetrieb zusätzlich blockieren können. Und schließlich die leidigen Themen „CC (Carbon Copy)" und „BCC (Blind Carbon Copy)". Da wird ein Kollege angeschrieben, der etwas tun soll. Für mich ist eine E-Mail überhaupt und zu 99 % aller Fälle eine interne Arbeitsanweisung an den Adressaten. Nun soll die Führungskraft informiert werden, dass die Aufgabe elegant hinwegdelegiert wurde und erhält dies in CC. Diese hat mit der Arbeit aber nichts zu tun und es interessiert sie in der Mehrzahl der Fälle auch nicht, weil sie ja nicht direkt angesprochen ist. Jetzt kommt's noch dicker. Im BCC bekommt auch der Chef des Gruppen- oder Abteilungsleiters nochmals dieselbe Nachricht, ohne dass die anderen davon etwas wissen. So stapeln sich CCs und BCCs im digitalen Mülleimer der oberen Etagen und es werden dort noch mehr Verwaltungskräfte beschäftigt und noch mehr an Geld und Zeit investiert. Eine ehemals vermeintliche Rationalisierungsidee ist somit zu einem echten Produktivitätskiller geworden.

Wenn sich Menschen früher austauschen wollten und gemeinsam an einem Projekt arbeiteten, wie haben diese das im Steinzeitalter der Prä-Handy-Generation wohl erledigt? Hat der Dachdeckermeister, freihändig auf dem Dachfirst sitzend, erst einmal sein iPhone oder Tablet herausgeholt, um dem Kollegen ein Stockwerk tiefer zu mailen oder zu whatsappen, dass er einen Hammer und Nägel braucht? Auf so einen Unsinn wären diese Fachkräfte gar nicht erst gekommen, selbst wenn sie die heutige Technik in Ihrem Rucksack dabeigehabt hätten. Die Handwerker arbeiteten nicht mit Fernwartung sondern auf Zuruf. Das funktioniert tatsächlich, auch heute noch.

Und so funktioniert im Grunde auch das „kollaborative Arbeiten". Kollaboration leitet sich her von lateinisch „co-laborare", also „zusammen-arbeiten" und bezeichnet die Mitarbeit zwischen bzw. die Zusammenarbeit von Personen oder Gruppen. Historisch ist der Begriff negativ besetzt und steht für die Zusammenarbeit mit dem Feind zu Zeiten eines Krieges oder einer Besatzung. In diesem Sinne „kollaborierende" Personen wurden als „Kollaborateure" bezeichnet. Ich möchte jedoch den positiven Aspekt einer engen Zusammenarbeit betonen. Die damit verbundenen Tools sorgen für einen effektiven Austausch und nicht mehr für ein verantwortungsloses Wegschieben von Arbeiten auf andere, wie das bei der E-Mail häufig der Fall ist. Die E-Mail ist heute eben nicht mehr die beste Lösung für eine echte und produktive Zusammenarbeit. Sie dient eher zur Information, nicht aber zur Gestaltung eines kommunikativen Miteinanders. Sie stellt einen linearen Austausch dar, im Gegensatz zu einem Tool für kollaboratives Arbeiten.

Für das kollaborative Arbeiten gibt es eine Vielzahl von Softwarelösungen, mit denen alle Mitarbeiter vom Fortschreiten des laufenden Projekts ständig informiert sind, so dass jeder weiß, was er zu tun hat, unter welchen Bedingungen und innerhalb welcher Frist gehandelt werden muss. Dank der logischen Verwaltungssystematik erübrigt sich das unaufhörliche Hin- und Hersenden von Informationen weitgehend. Das fördert die Teamarbeit sowie die Kommunikation und Interaktion des Teams. Natürlich hat die E-Mail dabei nicht völlig ausgedient, insbesondere bei international vernetzten Betriebsstätten, in denen unterschiedliche Sprachen zu berücksichtigen sind. Aus diesem Grund eignen sich entsprechende Tools derzeit insbesondere noch für überschaubare Teams im Projektgeschäft. Doch auch hier werden sich die Zeiten noch ändern.

Ein Blick in Unternehmen und Abteilungen zeigt andererseits, dass zwar die verschiedensten Tools und Softwarelösungen bereits genutzt werden, jedoch oft noch nicht zum erwünschten Ergebnis führen. Denn damit kollaboratives Arbeiten die Produktivität von Teams wirklich steigert, müssen einige Voraussetzungen erfüllt sein. Die wichtigsten Vorbereitungen sind dabei nicht technischer Natur. Natürlich sind eine schnelle Internetverbindung, funktionsfähige Computer und passende Softwaretools erforderlich, doch diese Infrastruktur ist nur so gut wie die Mitarbeiter, die sie nutzen. Für Unternehmen und Teams ist es daher entscheidend, die Einführung neuer Tools nicht nur zu begleiten, sondern methodisch vorzubereiten und die betreffenden Mitarbeiter entsprechend in Kenntnis zu setzen und zu schulen. Aus diesem Grunde sollte zunächst ein Pflichtenheft entwickelt werden, mit dem die Wahl des passenden Tools möglich wird. Entscheidend ist, dass Unternehmen dabei auf Zukunftssicherheit und Erweiterbarkeit achten.

Das beste System ist nichts wert, wenn es nicht an neue Anforderungen angepasst werden kann.

Kollaboratives Arbeiten wird in den meisten Teams in der Regel bereits unbewusst praktiziert. Gut funktionierende Teams arbeiten ohnehin gemeinsam an Projekten, stimmen sich intern ab und unterstützen sich gegenseitig bei der Erfüllung ihrer Aufgaben. Als Thema wird kollaboratives Arbeiten jedoch immer dann relevant, wenn es mit neuen Tools auf der Grundlage eines Konzepts oder deutlich flexibler - beispielsweise mit Mitarbeitern im Home Office oder ergänzt durch Telearbeitsplätze - durchgeführt werden soll.

Neben einer gesteigerten Produktivität erleichtert die Einführung neuer Softwarelösungen zudem flexible Arbeitszeiten und Home Office-Regelungen. Dies sind übrigens auch Faktoren, die bei der Positionierung Ihres Unternehmens als attraktiver Arbeitgeber eine Rolle spielen. Wie künftige Mitarbeiter und Fachkräfte davon profitieren, sollten Sie als Recruitment-Ansatz nach außen kommunizieren. Potenzielle Mitarbeiter wissen dann, dass sie auf ein Unternehmen treffen, das aktuelle Arbeitsformen praktiziert und zum Wohle seiner Mitarbeiter umsetzt.

Checkmark...

... zum kollaborativen Arbeiten

- ☐ Erläutern Sie von Anfang an offen und transparent, warum Sie die anstehenden Maßnahmen umsetzen und die Tools einführen?
- ☐ Verdeutlichen Sie den Betroffenen stets den Nutzen und die Vorteile für deren Team?
- ☐ Binden Sie Ihre Mitarbeiter in die Vorbereitung ein und greifen Sie auf deren bestehende Erfahrungen zurück?
- ☐ Bereiten Sie nicht nur die Nutzung der Tools, sondern die möglicherweise notwendige Veränderung der Arbeitsweisen und Methoden vor?
- ☐ Prüfen Sie, welche Veränderungen sinnvoll sind und widerstehen Sie der Versuchung, alles auf einmal ändern zu wollen?
- ☐ Stellen Sie klare Richtlinien und Strukturen auf, welche die Erfahrungen und Anregungen Ihrer Mitarbeiter berücksichtigen?
- ☐ Teilen Sie Zuständigkeiten und Verantwortung eindeutig zu und stellen Sie klar, dass diese nicht der Kontrolle, sondern der Qualitätssicherung und Nachvollziehbarkeit dienen?
- ☐ Monitoren Sie die Umsetzung und die Nutzung der neuen Methoden und evaluieren Sie den Verlauf regelmäßig?
- ☐ Passen Sie Methoden und Arbeitsweisen bei Bedarf an?

Einige kuriose Team-Fakten

Tatsächlich gibt es zahlreiche unterschiedliche Erfahrungen über Teams und deren Gruppendynamik, die bisher teilweise unbekannt sind. Hätten Sie beispielsweise gewusst, dass müde Menschen teamfähiger sind als ausgeschlafene oder ein paar Narzissten die Gruppe kreativer machen? Wagen Sie mit einem leichten Augenzwinkern einen neuen Blickwinkel auf Ihr Team. Hier einige Beispiele für kuriose Forschungsergebnisse:

Müde Menschen sind teamfähiger

Unausgeschlafene Mitarbeiter arbeiten besser zusammen als muntere Kollegen. Das ist das Ergebnis einer Studie von Daniel Frings. Dabei ließ er 171 Armee-Offiziersanwärter vom University of London Officers' Training Corps eine spezielle Wochenend-Übung absolvieren. Diese bestand jedoch nicht aus Schießübungen sondern aus Knobelaufgaben. Einige der Kadetten lösten die Tests als Einzelkämpfer, andere arbeiteten in Vierergruppen zusammen. Ein Teil der Probanden kam ausgeruht zum Training, der andere Teil hatte schon einige Drills und Nachtwachen hinter sich. Die Jungs waren hundemüde. Ergebnis: Die munteren Einzelkämpfer schnitten wie erwartet deutlich besser ab als ihre übernächtigten Kollegen. Ganz anders aber die Teams. Gerade bei jenen Aufgaben, die flexibles Denken, schnelle Anpassung und echte Teamarbeit verlangten, waren die müden Kadetten den anderen überlegen.

Ein Faulpelz reicht, um ein Team zu verderben

Eine Studie hierzu stammt von Benjamin Walker. 158 Studenten wurden in 33 Teams eingeteilt, mussten zusammenarbeiten und Aufgaben lösen. Resultat: Selbst wenn der Rest des Teams Vollgas gab, waren die Kollegen kaum in der Lage, die Minderleistung eines Faulenzers zu kompensieren. Und natürlich waren die meisten wütend darüber, den einen Drückeberger auch noch mitschleifen zu müssen.

Narzissten übernehmen gern die Führung

Wenn eine Gruppe oder ein Team führungslos ist, dann dauert es in der Regel nicht lange, bis einer die Leitung übernimmt oder gar die Macht an sich reißt. Interessanterweise ist das jedoch häufig ein Narzisst, so das Ergebnis einer Untersuchung von Amy Brunell von der Ohio State Universität in Newark. Was sich nach egoistischer Machtübernahme anhört, ist es aber nicht. Oft sind es die Teammitglieder selbst, die im Narzissten den besseren Führer sehen. Steigern einige wenige Narzissten im Team demnach tatsächlich die Kreativität? Narzissten sind zwar anstrengend, im Team aber ist es jedoch besser, gleich mehrere davon zu haben, sagt das Forscher-Trio Jack A. Goncalo und Sharon H. Kim von der Cornell Universität sowie Francis J. Flynn von der Stanford Universität. Diese testeten ihre Probanden zunächst auf den Grad des eigenen Narzissmus. Anschließend ließen sie diese verschiedene Kreativitätsübungen abhalten, einmal mit Einzelnen, einmal in Gruppen. Dabei zeigte sich jedoch, Narzissten waren nicht wirklich kreativer als andere, Sie dachten das jedoch. Sie waren sogar so sehr davon überzeugt und über sich und ihre Werke so euphorisiert, dass sie damit die anderen ansteckten. Und je mehr Narzissten im Team waren, desto mehr übertrug sich deren Überzeugung, großartig zu sein auf die ganze Gruppe, so dass sich am Ende deren kreatives Ergebnis tatsächlich verbesserte.

Wiederholungen wirken mehr als die Wahrheit

Wie mächtig Wiederholungen sind, hat die amerikanische Psychologin Kimberlee Weaver vom Institute for Social Research an der Universität Michigan genauer untersucht und dazu eine beeindruckende Studie veröffentlicht, die womöglich Ihre Sicht von Meetings und Teams verändern wird. Grob zusammengefasst lautet das Ergebnis: Wer am lautesten schreit und oft genug dasselbe erzählt, bekommt am Ende Recht, obwohl deren Aussage einer wissenschaftlichen Überprüfung nicht standhalten würde.

Teams lassen sich durch Minderheiten manipulieren

Der Psychologe Serge Moscovici zeigte vier Probanden in einem Raum farbige Dias. Diese hatten ausschließlich blaue Farbtöne. Anschließend ließ er seine Versuchsteilnehmer die Farbe benennen, die das Dia zeigte. Keine allzu schwere Aufgabe, wie Sie sich denken können. Was die Probanden aber nicht wussten, es gab zwei eingeweihte Querulanten, die vehement behaupteten, das Dia sei grün. Danach stieg die Zahl derjenigen, die meinten, das Dia sei tatsächlich grün, signifikant an. 8,4 Prozent aller Antworten lauteten „grün". 32 Prozent aller Versuchspersonen gaben zumindest einmal an, ein grünes Dia gesehen zu haben. Der sogenannte Minoritätseffekt, den Serge Moscovici entdeckt hatte, tritt jedoch nur dann auf, wenn sich die Minderheit zuvor nicht durch atypisches Verhalten oder durch Zweifel an ihrer Kompetenz disqualifiziert.

Aufgabe 3: Menschen stärken

Die lautlose Revolution

Er stand auf einer Anhöhe vor der Hauptstadt seines Landes und blickte hinüber zu den hohen Mauern und der breiten Zufahrtstrasse in das Stadtzentrum. Ein nicht enden wollender Strom von Soldaten, die im Gleichschritt und mit erhobenen Waffen einmarschierten, ergoss sich vor ihm und reichte bis weit zurück in das Hinterland zu den sanften Hügeln am fernen Horizont. Der warme Sommerwind trug die monotonen, klackenden Geräusche der Schritte der Besatzungsmacht durch das Tal bis hinauf an seinen Aussichtspunkt. Jetzt war es ihm klar geworden. Der Krieg gegen die Besatzer war ein für alle Mal verloren. Viele seiner Freunde und Bekannten und ein Teil seiner Brüder und Schwestern waren in den vorangegangenen Aufständen und Gefechten gefallen. Sie hatten ihr Leben für nichts gegeben. Weder für Ruhm, Vaterland und Ehre noch für eine erfolgreiche Gegenwehr. Sie konnten ihre Heimat nicht verteidigen. Gegen diese übermächtigen Gegner und ihre schiere Überzahl war jeder Versuch, den Besatzern Schaden zuzufügen, nichts anderes als ein Himmelfahrtskommando und deshalb zum Scheitern verurteilt. Mit brutaler Gewalt wurden die Widerstände kompromisslos niedergeschlagen und mit jeder Niederlage rutschte ein weiteres Stück der Hoffnung auf

Gegenwehr und Selbstbehauptung wie die Steine eines Erdrutsches ab in das langsam erstickende Tal der Machtlosigkeit und der erdrückenden Verzweiflung. Die Gegner waren einfach stärker und seine Leute waren uneins, zu schwach und viel zu wenig. Schlachten waren keine mehr zu führen. Sie hatten aufgegeben und waren mit ihrem Latein offensichtlich am Ende.

In ihm zog erneut die dunkle Wolke des Grolls und der Wut auf. Gab es denn gar keine Möglichkeiten mehr? Mit Diplomatie, Politik oder gar Gewalt war nichts zu erreichen. Die Gegner mussten aber doch irgendeine Schwachstelle haben, die er bisher noch nicht erkannt hatte. Jeder hat doch Schwächen. Wo lagen andererseits denn die Stärken auf seiner Seite? Den ganzen Abend und die ganze Nacht überlegte der einsame Widerstandskämpfer, ob es nicht doch eine Möglichkeit gäbe, das Blatt noch einmal zu wenden. Konnten die waffentechnisch und militärisch unterlegenen Männer und Frauen seines Volkes vielleicht ihre vermeintliche Schwäche als Stärke gegenüber der Besatzungsmacht nutzen? Welche Eigenschaften seiner Leute könnte er einsetzen? Militärisch gesehen waren die Gegner nicht zu schlagen. Doch was wäre, wenn es ihm gelänge, ein ganzes Land auf seine Seite zu ziehen? Was waren schon 10.000 Besatzer gegen eine Million Unterdrückter? Was sein Volk größtenteils einte, war der Glaube an einen festen und sicheren Platz auf dieser Welt und die Friedfertigkeit der Einheimischen im Gegensatz zur puren Gewalt der fremden Eroberer.

In der Morgendämmerung nahm ein Gedanke langsam Gestalt an. Nachdem alle aggressiven Reaktionen auf die Aggressoren nur weitere Gewalt, Leiden und Tod nach sich zogen, war offener Kampf also keine Option. Er erkannte, dass Druck immer Gegendruck auslöst. Und wenn der Unterdrücker mehr Druck ausüben konnte, zog der andere den Kürzeren. So entstand der Gedanke, die - aus der Sicht der Besatzer wahrgenommenen - Schwächen als Stärken einzusetzen und genau das Gegenteil von dem zu tun, was der Gegner üblicherweise erwartet, nämlich aktiven Widerstand. Er schloss die Augen und überlegte: „Was wäre, wenn wir, statt Gegendruck auszuüben, einen Schritt bei Seite treten würden, um die Eindringlinge somit an eine imaginäre Mauer des Schweigens und der Ignorierung laufen zu lassen, ohne weitere Menschenleben zu gefährden? Könnten wir dann nicht einiges an Verwirrung stiften und die Besatzer mit einem Verhalten konfrontieren, das sie nicht kennen?"

„Wir sollten das völlig Unerwartete wagen", sagte er sich. So entstand die Vision eines passiven Widerstandes, der auf Einigkeit und Friedfertigkeit beruhte.

Er hatte in der Vergangenheit beobachtet und aus den Medien sowie Gesprächen erfahren, dass die Besatzer im Vorfeld ihres Einmarsches die Politiker seines Landes mit großen Spenden und Geldgeschenken auf ihre Seite gezogen hatten. Damit verspielte die Diplomatie jegliches Vetorecht. Die Politiker seines Landes wurden bewusst abhängig gemacht und es bildeten sich zwei völlig unterschiedliche Lager innerhalb seines Volkes. Die einen wollten Ruhe und Geld und begrüßten die Besatzer. Die anderen wurden ärmer und wollten Freiheit. Es war den Eroberern somit gelungen, die Gesellschaft in ihrem Sinne zu spalten, zu polarisieren, zu manipulieren und die ehemals demokratischen Mechanismen so zu sabotieren, dass niemand bemerkte, wie der Staat bewusst untergraben und infiltriert wurde. Was wäre, wenn der Widerstandskämpfer nun genauso zurückschlagen würde, so dass er seinerseits die diktatorischen Besatzer nicht nur infiltrieren, sondern - einen Schritt weiter gedacht - sogar mit seinen revolutionären Ideen infizieren könnte? Eine große Armee würde nicht helfen. „Ich muss so etwas wie kleine Zellen des Widerstandes schaffen", dachte er und schüttelte im Licht der Morgenröte den Staub und die finsteren Gedanken der letzten Nacht ab. Er rief sich die Karte der bisher besetzten Gebiete in Erinnerung. Die Streitmächte der Eroberer waren einem bestimmten Plan gefolgt und hatten zuerst die Hauptstädte der jeweiligen Regionen und Länder eingenommen, um ihre Macht dann nach und nach in die umgebenden Gebiete weiter zu tragen und ihre Position zu festigen. So würde er es auch halten wollen. Er brauchte für jede der großen Städte im Reich des Diktators geistige Führer, welche die Stärken und Schwächen der hiesigen Einwohner genau kannten, um dann eine Art virales Marketing für seine Ideen zu praktizieren. Er brauchte die richtigen Leute für den jeweils richtigen Job mit den geeigneten Eigenschaften und den richtigen „Fehlern", um die vermeintlichen Schwächen in Stärken umzuwandeln und diese dann weiter zu verstärken. So wie ein Stein, der ins Wasser fällt und erst kleine, dann aber immer weitere Kreise bildet und Wellen schlägt.

Die richtigen Führer und Meinungsmacher würde er jetzt suchen und finden müssen. Er blickte auf die Hauptstadt seines Landes herab, die noch im Schatten der sie umgebenden Bergrücken lag. An diesem Ort würde er nicht damit beginnen, die Mannschaft für sein Vorhaben zu rekrutieren. Er würde seine Leute erst im Umland suchen und nicht dort, wo bereits Korruption, Spionage und Misstrauen durch die Machtpolitik seiner Gegner gesät waren.

Im Laufe der kommenden Monate suchte er nach Menschen, die er von seiner Strategie überzeugen konnte. Er fand zunächst nur einige wenige Anhänger, mit denen er so lange diskutierte, bis er sich sicher war, dass er ihnen absolut vertrauen konnte und die ihre Loyalität ihm gegenüber bedingungslos bewahren würden. Einer von ihnen war ein hervorragender Rhetoriker, der es verstand, die Menschen mit seinen Worten in Bann zu ziehen, selbst aber nichts Praktisches umsetzen konnte. Das war der richtige Mann für die Politiker. Ein anderer war von Natur aus Skeptiker und stellte stets alles in Frage, was ihm gesagt wurde. Der Zweifel war seine Schwäche und zugleich seine Stärke, wenn man ihn ins Land der Zweifler schickte. Ein anderer wiederum war als ehemaliger Söldner selbst ein Angehöriger der Besatzer und hatte seine Familie durch Fehler seiner Anführer bei der Niederschlagung eines unwichtigen Grenzkonflikts verloren. Seine Schwäche war das eigene Schuldanerkenntnis und seine Stärke der Hass auf seine ehemaligen Auftraggeber. Den brauchte der Widerstandsführer in der Hauptstadt des Reiches, genau da, wo die Gefahr am größten war. Nach einiger Zeit hatte er sein Team beisammen. Das war seine kleine Armee. Sie bestand aus nur 11 Führern, auf die er sich verlassen konnte sowie einem „Libero" als Ersatzspieler, den er im Notfall aktivieren konnte. Diese Zahl konnte er gerade noch überblicken und steuern. Sie trafen sich stets heimlich in der Nacht, um ihre globale, langfristige Strategie und ihre kurzfristige Guerilla-Taktik an den verschiedenen Einsatzorten der Welt gemeinsam festzulegen. Zielsetzung war es, in jeder Metropole des Reiches erst einmal immer nur eine Keimzelle des Widerstands zu gründen, welche wiederum jeweils 11-12 untergeordnete Zellen etablieren sollte, um innerhalb gesetzter Fristen wieder die gleiche Anzahl an Zellen mit neuen Unterführern zu gründen. Das wären im ersten Schritt 11x11 und dann wieder 11x11. Das sollte für die Generation der ersten Anführer ausreichen. Insgesamt wären das dann rund 15.000 Widerstandszellen, welche jeweils mindestens 100 Neumitglieder rekrutieren sollten, womit etwa 1,5 Millionen Anhänger zusammenkämen. Die Botschaft an die Zellen und ihre Anhänger war einfach: „Haltet Euch an die Gesetze des Reiches, bleibt aber in Eurem Denken stets unabhängig, seid einig und friedfertig und wenn auf Euch Druck ausgeübt wird, dann gebt nach, aber gebt nicht auf. Wehrt Euch nicht, schlagt nie zurück, sondern ergebt Euch jeden Tag aufs Neue. Dann haben die Unterdrücker keine Macht mehr über Euch und werden verzweifeln. Ihr aber, sowie Eure Söhne und Eure Töchter, werdet am Ende siegen." Der Widerstandskämpfer, der einst auf der Anhöhe seines besetzten Landes stand, wusste nicht, dass er nach seinem Märtyrer-Tod die größte Bewegung der Menschheitsgeschichte auslösen würde.

Dies trug sich vor 2.000 Jahren im Vorderen Orient zu. Die Besatzungsmacht war Rom. Der Anführer des Widerstandes war ein einfacher Zimmermann aus Galiläa.

***

Stärkenorientiert führen – die Königsdisziplin

Stärkenorientierte Führung heißt, die Stärken oder Talente eines Mitarbeiters zu erkennen, zu nutzen und auszubauen. Talente sind besondere Fähigkeiten, die wir nicht durch Lernen oder durch eine Ausbildung erworben haben, sondern natürliche Stärken, die wir bereits von Geburt an besitzen. Diesen stehen jedoch auch unsere Schwächen gegenüber. Wie sollen wir mit Stärken und Schwächen umgehen? Eine klassische Empfehlung lautet:

„Die Stärken stärken, um die Schwächen zu schwächen."

Das jedoch setzt Zweierlei voraus. Wer seine Stärken weiter ausbauen will, muss diese einerseits überhaupt erst einmal kennen. Andererseits benötigt diese Strategie das Erkennen, die Akzeptanz und die Toleranz der persönlichen Defizite. Schwächen verschwinden nicht einfach, indem man irgendeine Schokoladenseite verstärkt. Doch an der Stelle hapert es bereits in vielen Unternehmen. Aus diesem Grunde kommen wir nun zur Königsdisziplin der Führung.

Menschen in ihrer Selbstwahrnehmung, Selbstwirksamkeit und Selbstverantwortung stärken

Bei der Wahrnehmung unserer Person und unseres Umfelds stellen sich einige markante Fragen. Warum beschäftigen wir uns in unserer Wahrnehmung überwiegend mit Negativem und mit unseren Schwächen? Statt auf unsere Stärken zu zählen, an das Gute zu glauben und die Welt an jedem neuen Tag optimistisch willkommen zu heißen, kreisen unsere Gedanken - zumindest in unserer westlich geprägten Hemisphäre - vornehmlich um Negativismen, Probleme und Abweichungen von Soll-Vorgaben in unserem Arbeitsbereich. Unsere Wahrnehmung wird in unserer Gesellschaft schon beim Aufschlagen der Tageszeitung oder durch die Nachrichten im Radio oder Fernsehen tagtäglich mit negativen Schlagzeilen und Katastrophenberichten konfrontiert und ist somit von schlechten Nachrichten geprägt. Schon wieder ein Hurrikan, eine Sturmflut, ein Krieg, ein Mord, ein Aufstand, eine Hetzjagd auf andersartige Gruppen, ein Terroranschlag, eine Vertreibung, ein Völkermord, eine weitere Aufrüstung des Waffenarsenals oder ein drohender atomarer Konflikt. Wieder ein Skandal um einen Politiker, der einseitige und negative Äußerungen von sich gegeben hat.

Ein Grund, warum wir uns bis heute mit Negativem, mit Fehlern und mit Problemen beschäftigen, liegt in unserer evolutionär geprägten Prädisposition, welche noch immer nach denselben Prinzipien funktioniert wie in der Steinzeit, als wir noch Jäger und Sammler waren. Ich behaupte, dass es sogar heute noch viele Jäger und Sammler gibt, die ihre Trophäen in ihrem Arbeitszimmer oder in Warteräumen ihrer Unternehmen so platzieren, dass „man sie gleich sieht", um damit einen bedrückenden Eindruck der Macht und der Entschlossenheit zu demonstrieren. Da hängen beeindruckende Diplome, Auszeichnungen, Ehrungen, Zertifikate oder Prämien an den Wänden. Hier herrscht mitunter ein Klima der Ehrfurcht und bisweilen auch der Angst. Jeden Moment könnte entweder das Mammut, der Säbelzahntiger oder sogar das Riesenfaultier um die Ecke schleichen, um uns noch kleiner zu kriegen, als wir ohnehin schon sind. Die Jäger und Sammler in grauer Vorzeit waren täglich mit lebensbedrohlichen Gefahren konfrontiert, so dass deren Wahrnehmung auf Bedrohung und „Hab-Acht-Stellung" konditioniert war und die Handlungsalternativen lediglich in Kampf oder Flucht bestanden, um das biologische Überleben zu sichern. Diese Mechanismen wirken noch heute. Wie oft sagen wir noch „das ist doch zum Davonlaufen". Wie oft ziehen wir uns in einem Gefühl der Schwäche zurück und verlassen die Arena des Lebens? Unser Verhalten ist meist durch Sieg oder Niederlage programmiert. Und somit wirken das Schlechte und das Schwache stärker als das Gute und Positive. Wenn Sie eine Tagesbilanz ziehen und aufschreiben, was Ihnen am heutigen Tag widerfahren ist, werden Sie wahrscheinlich erst einmal die negativen Dinge nennen, da diese sich stärker in Ihr Gedächtnis eingeprägt haben. Das Positive kommt, wenn überhaupt, ganz zum Schluss. Könnten wir einen objektiven Betrachtungsmaßstab wählen, würden wir erkennen, dass sich Gutes und Schlechtes oft die Waage hält. Subjektiv jedoch bewerten wir das Negative höher und beschäftigen uns eher mit Dingen, die störend wirken, wodurch plötzlich der ganze Tag ein einziger „Shit" war. Diese negative Gedankenspirale zeigt sich ebenfalls in unserem Verhalten und in unserer Kommunikation. Wie oft sagen wir „nicht schlecht gemacht", obwohl wir in Wahrheit „richtig gut" meinen. Auf die Führung übertragen verwenden Menschen in Süddeutschland häufig die Floskeln: „Net g´schimpft is' g´lobt g´nug", oder: „Wenn ich nix sag´, dann passt´s scho´." Sprechen wir doch lieber ein Lob aus, wenn wir loben wollen.

Von Kindesbeinen an ist der vermeintliche Unvollkommenheitsmakel eine Kampfansage an unser Selbstbewusstsein. Ständig vergleichen wir uns, achten darauf, was wir schlechter als andere oder gar nicht können und was uns misslingt. Wir sind daher andauernd frustriert. Schon in der Schule lernen wir: Wer seine Defizite nicht ausmerzt, bleibt mindestens sitzen, wenn er später nicht gar völlig scheitert. Auf jeden Fall aber wird er aus dem Kreis der Erfolgreichen und der Elitären verbannt. So sind leider nun einmal die Spielregeln, die uns in der Schule unserer Leistungsgesellschaft eingeimpft werden und uns später noch am Arbeitsplatz begleiten. Warum haben wir z.B. für Medizin einen Numerus Clausus, wenn ein Abiturient mit einem Abschluss von 3,0 in Biologie und Naturwissenschaften möglicherweise ein besserer Arzt geworden wäre als sein Kollege vom neusprachlichen Zweig mit einer Traumnote von 1,2? Die schlechtere Benotung bleibt dann ein lebenslanges, ärgerliches Defizit. Schon frühzeitig beginnen wir damit, unsere Defizite aufzuspüren, zu analysieren und im Sinne der Erwartungen der konformen Gesellschaft zu korrigieren. Das Gallup-Institut hat dazu vor Jahren rund 1,7 Millionen Mitarbeiter in über 100 Unternehmen und 39 Ländern (darunter auch 80.000 Manager) befragt und wollte wissen, was ihnen angeblich am meisten hilft, sich zu verbessern. Die Kenntnis ihrer Stärken oder das Wissen um ihre Schwächen? Sie ahnen das Ergebnis wahrscheinlich bereits. Das Gros fokussierte sich allein auf seine Schwächen. Selbst in den USA, wo früher jedermann vom-Tellerwäscher-zum-Millionär aufsteigen konnte, wenn-er-nur-wollte, antworteten noch 59 Prozent der Befragten, dass sie sich vornehmlich mit ihren Schwächen beschäftigen würden. Das Ergebnis ist, dass die betroffenen Menschen enorme Energien aufwenden, um etwas nachzuholen, was sie sowieso nicht können und was sie kraftlos macht. Sie doktern an ihren Defiziten herum und betreiben am Ende doch nur Schadensbegrenzung. Sie wenden mehr als 80 Prozent ihrer Energie auf, um ihre Schwächen zu bekämpfen und bleiben dann doch meist erfolglos.

Wir alle verbringen somit viel Zeit und Mühen mit den Unvollkommenheiten des Lebens. So ist zum Beispiel die Krankheitsforschung viele hundert Jahre älter als die Glücksforschung.

Die Sozialwissenschaftler und Psychologen kennen eine Unmenge an Scheidungsgründen, aber wenig Geheimnisse glücklicher Ehen. Im Unternehmen bedeutet Qualitätsmanagement meist, Fehler zu minimieren aber seltener, Innovationen zu fördern. Bei der Gallup-Studie wurden die Mitarbeiter und Manager zum Beispiel gefragt, ob sie bei ihrer täglichen Arbeit ihre wahren Stärken voll ausspielen konnten. Ergebnis: Bei nur 20 Prozent kamen die Begabungen zum Einsatz, 80 Prozent verharrten im Mittelmaß. Was für eine Verschwendung.

Dennoch ist der Fokus auf Probleme oder Fehler in einzelnen Branchen oder Funktionen noch immer sinnvoll. Denken wir zum Beispiel an Bereiche wie Medizin, Katastrophenschutz oder Rechtswissenschaften, wo das Übersehen von Fehlern dramatische Folgen haben kann. Streben wir hingegen eine optimale Leistung und Entwicklung in innovationsgetriebenen „agilen" Organisationen oder generell in einem Umfeld an, welches Höchstleistung erfordert, sollte der Beschäftigung mit negativen Phänomenen bewusst ein anderes Konzept entgegengehalten werden. Eine wesentliche persönliche Stärke besteht nämlich darin, die eigenen Schwächen zu erkennen und diese zu akzeptieren - so, wie sie sind. Erst dann sind wir offen dafür, unsere Stärken wahrzunehmen und auszubauen. Das bringt mehr und kostet weniger Energie, als unsere Schwächen abzubauen. Die stärkenorientierte Haltung erscheint somit sinnvoller, wertvoller, produktiver und rentabler. Warum also nicht den Spieß herumdrehen, die guten Anlagen und Stärken ausbauen und sich seine Schwächen leisten? Es gibt schließlich kaum eine natürliche Begabung, die sich nicht ausbauen ließe. Etwa durch gezielte Weiterbildung oder indem man sich Projekte sucht, in denen man über sich (und seine Komfortzone) hinaus wachsen kann. Auch das wurde im Übrigen untersucht: Die Wahrscheinlichkeit, dass jemand nach oben kommt, weil er eine Stärke bewusst fördert, ist um 50 Prozent höher, als wenn er nur versucht, seine Schwächen auszumerzen. Niemand muss alles gleich gut können, aber jeder ist für etwas gut. Mehr noch, permanente Weiterentwicklung, vor allem in talentierten Bereichen, sorgt nicht nur für zunehmende Spitzenleistungen auf diesem Gebiet. Durch die stetigen Erfolgserlebnisse verbessern wir uns insgesamt. Darin liegt zugleich eine Herausforderung für Führungskräfte und eine Schwäche mancher Organisation. Das Konzept der Stärkenförderung fällt nicht überall auf fruchtbaren Boden. In letzter Konsequenz betrifft die Stärken- / Schwächenanalyse schließlich auch die Führungselite selbst. Diese müssten dabei nicht nur anerkennen, eigene Schwächen zu besitzen, sondern sich auch eingestehen, dass manche Mitarbeiter in bestimmten Bereichen größere Stärken haben als die Führungskraft selbst. Für manches Chef-Ego ist das eine unüberwindbare Hürde. Denn das würde zu einer „lautlosen Revolution" führen und den Spielraum für mögliche Führungsstile stark verändern. Weg von einem kontrollierenden-dirigierenden Führungsstil und hin zu einem koordinierenden, motivierenden und partizipierendem, ja coachendem Führungsstil.

Die Philosophie der stärkenorientierten Führung

Die Kunst der stärkenorientierten Führung zeigt sich darin, dass es der Führungskraft gelingt, den richtigen Mitarbeiter an die richtige Stelle zu setzen und ihm die richtigen Herausforderungen zu geben, bei denen er seine Stärken nutzen und seine Talente weiterentwickeln kann. Um stärkenorientiert führen zu können, ist es erforderlich, die besonderen Fähigkeiten und Talente der eigenen Mitarbeiter zu erkennen. Dazu gehört vor allem, sich als Führungskraft für das „Ausbilden" dieser Talente verantwortlich zu fühlen. Die Forschungsarbeiten der letzten Jahrzehnte durch Gallup zeigen sehr deutlich, wann Mitarbeiter ein hohes Engagement zeigen. Dies ist dann der Fall, wenn man sie nicht permanent verändern will, sondern sich auf ihre Stärken konzentriert, diese weiterentwickelt und dafür sorgt, dass ihre Schwächen keinen Einfluss auf ihre Leistung haben.

Die vier Kennzeichen stärkenorientierter Führung

1. Energie folgt der Aufmerksamkeit

An erster Stelle stehen Ihre Einstellung und Ihre mentale Haltung gegenüber Ihren Mitarbeitern und Teams. Achten Sie bei Mitarbeitern nicht zuerst auf das, was sie nicht gut können und wo deren (vermeintliche) Schwächen liegen, sondern fokussieren Sie Ihren Blickwinkel auf das, was ein Mitarbeiter kann, was ihm leicht von der Hand geht und wo er sehr gute Ergebnisse erzielt.

2. Führung setzt Menschenkenntnis voraus

Als nächstes wird Ihnen eine gewisse Menschenkenntnis abverlangt. Dazu gehört das Interesse, sich mit Menschen zu beschäftigen, sowie die Fähigkeit, Unterschiede differenziert zu erkennen, das Verhalten der Mitarbeiter zu beobachten und dabei zu verstehen, warum sie so handeln, wie sie handeln.

3. Aufgaben mit den Stärken in Deckung bringen

Stärkenorientiertes Führen bedeutet, dass Sie sich über Anforderungen und Herausforderungen einer Aufgabe Gedanken machen. Erst dann lässt sich eine Deckung zwischen dem Anforderungsprofil und dem Stärkenprofil der Mitarbeiter herstellen.

4. Sinnvoller Umgang mit Schwächen

Jeder Mensch hat Schwächen. Es ist wahrscheinlich, dass durch erhebliche Anstrengungen bei der Bekämpfung von Schwächen die Leistung im Unternehmen nachlässt. Der stärkenorientierte Führungsansatz bedeutet jedoch ausdrücklich nicht, Schwächen komplett zu ignorieren. Es geht darum, die individuellen Schwächen der Mitglieder Ihres Teams nicht in den Vordergrund zu rücken. Oftmals erfahre ich in Seminaren genau an dieser Stelle heftigen Widerspruch. Das Argument lautet dabei häufig: „Das ist ja alles schön und gut, Herr Gold. Aber wo ein Wille ist, ist auch ein Weg." Der Gedankengang dahinter scheint zu sein, dass mit Disziplin und harter Arbeit alles möglich sei, auch der Wandel einer Schwäche in eine Stärke. Das funktioniert jedoch - aus meiner Sicht - bei persönlichen Eigenschaften definitiv nicht. Sie werden aus einer introvertierten Persönlichkeit keine extrovertierte Person entwickeln und umgekehrt. Denn um wirkliche und vor allem sinnvolle Entwicklungen zu ermöglichen, muss eine fundamentale Bedingung gegeben sein. Und das ist Talent.

Personalentwicklung heißt, etwas „auszuwickeln", was per se schon angelegt, das heißt, in Grundzügen bereits vorhanden ist. Gelingt es einer Führungskraft, die Stärken eines Mitarbeiters mit den Anforderungen einer Tätigkeit zur Deckung zu bringen, resultiert daraus eine sehr hohe Eigenmotivation des Mitarbeiters. Es ist letztlich einfach. Wenn wir das tun, was uns leicht von der Hand geht und uns Energie gibt, gehen wir engagiert und zielstrebig ans Werk. Außerdem erzielen Mitarbeiter, die ihr Können zur Entfaltung bringen, sehr viel bessere Leistungen als Mitarbeiter, die sich bei bestimmten Aufgaben schwer tun, weil sie entweder nicht über das nötige Talent oder über die entsprechenden Fähigkeiten verfügen.

Schließlich erfordert stärkenorientiertes Führen auf lange Sicht wesentlich weniger Kraft und Zeit für alle. Durch die intrinsische Motivation der Mitarbeiter benötigt die Führungskraft sehr viel weniger an Energie, um den Mitarbeiter durch Kritik und Steuerung zu besseren Leistungen zu führen. Im Gegenteil, das selbstverantwortliche Handeln des Mitarbeiters wird enorm gestärkt.

Stärken stärken - Grenzen des Ansatzes

So schön die Überlegung auch ist, Stärken zu stärken, um Schwächen zu schwächen, einige Grenzen dieses Führungsansatzes sind durchaus zu erwähnen. Natürlich gibt es Situationen, in denen die besonderen Fähigkeiten und Stärken nicht an jedem Arbeitsplatz zwangsläufig sinnvoll eingesetzt werden können oder gefragt sind. Die Kritiker fragen hier gerne: „Was macht man mit den vielen Menschen, die einen Arbeitsplatz haben, der so gar nicht zu ihren Stärken passen mag? Setzt dann hier das große Stühle rücken ein?" Zudem ist es bei kleinen Unternehmen zunehmend unwahrscheinlicher, dass Mitarbeiter - zum Beispiel bei Neubesetzungen - jedes Mal einen Arbeitsplatz finden, der allein ihren Stärken entspricht. Und was nutzt einem schon eine Stärke, wenn der Kollege am Schreibtisch sogar noch stärker ist? Überdies erschweren komplexe Anforderungsprofile, dass Mitarbeiter durch eine einzelne Fähigkeit ihre Aufgaben tatsächlich erfolgreich bewältigen können. Je mehr Fähigkeiten gefordert sind, desto unwahrscheinlicher ist es, dass es viele Menschen gibt, die all diesen Aufgaben von Natur aus gewachsen sind. Folglich lassen sich bestimmte Schwächen nicht (und erst recht nicht alle) durch Stärken kompensieren.

Mir geht es jedoch um die Richtigkeit des Kerngedankens, der hinter der stärkenorientierten Führung liegt. Selbst die größten Kritiker geben zu, dass es Sinn macht, die jeweils Bestqualifizierten an den passenden Stellen einzusetzen und dabei an beiden Faktoren zu arbeiten, nämlich Stärken auszubauen und Schwächen zu minimieren. Nur so entsteht am Ende wahre Höchstleistung und Exzellenz. Allein aus diesem Grund rentiert sich eine konstruktive und intensive Auseinandersetzung mit dem Ansatz des stärkenorientierten Führens.

Stärkenorientierte Führung in 6 Schritten

1. Stärken identifizieren

Die Stärken eines Mitarbeiters erkennen Sie sehr gut durch die Beobachtung seines Verhaltens. Was fällt ihm leichter als anderen? Welche Art von Aufgaben geht er mit hoher Eigenmotivation an? Auf welchem Gebiet erzielt er Erfolge ohne erkennbare Anstrengung? Auf die genaue Beobachtung kommt es an, denn eine Stärke wird besonders bei „Gebrauch", also bei der Lösung eines Problems, sichtbar. Für Teams gilt: Finden Sie Wege, um herauszufinden, wann Ihr Team am meisten Energie produziert und am engagiertesten an der Arbeit ist. Was tut das Team in diesem Moment? Woran müssen Sie die Teammitglieder nie erinnern?

2. Feedback zu Stärken geben

Wenn Sie realisieren, dass einer Ihrer Mitarbeiter eine Stärke anwendet, sagen Sie es ihm oder ihr. Erklären Sie die Wirkung auf das Team und auf deren Umfeld möglichst zeitnah und in verständlichen Worten.

3. Formen Sie ein Hochleistungsteam

Führen Sie einen Workshop durch, um die Stärken Ihres Teams hervorzuheben. Ermöglichen Sie damit eine sichere Umgebung für Ihre Mitarbeiter, in der sie einander auch Schwächen mitteilen und sich gegenseitige Hilfe im Umgang damit geben können. Hat eines ihrer Teammitglieder bekannte Schwächen, die kritisch für seine Aufgabe sind? Diskutieren Sie den Einfluss, welche diese auf die gemeinsame Zielerreichung haben. Welche Stärken im Team könnten helfen, die Schwächen zu kompensieren? Ermutigen Sie die Teammitglieder, sich in dieser Weise auszutauschen und zu arbeiten.

4. Auswahl und Integration neuer Teammitglieder

Achten Sie bereits bei der Auswahl neuer Mitarbeiter darauf, welche Stärken das Team noch benötigt und inwiefern der Bewerber diese erfüllt. Hilfreich finde ich in diesem Zusammenhang den Spruch von Prof. Dr. Jörg Knoblauch: „1 Gramm Recruiting wiegt mehr als 1 kg Weiterbildung." Manchmal ist es sinnvoller, bestimmte Fähigkeiten und Kompetenzen einzukaufen, als langwierig und risikobehaftet intern aufzubauen, wenn das Fundament, d.h. das Talent, nicht oder nur sehr schwach ausgeprägt ist.

5. Mitarbeiterentwicklungsgespräche

Halten Sie das ganze Jahr über mit Notizen Beispiele fest, wann Ihre Teammitglieder besonders gute Leistungen erbracht haben sowie das Feedback, das Ihnen dritte Personen darüber gegeben haben. Lassen Sie diese Beobachtungen regelmäßig in gemeinsame Gespräche einfließen, anstatt sie für das möglicherweise jährliche Mitarbeitergespräch aufzuheben.

6. Aufgaben delegieren

Delegation bietet Ihrem Team die Möglichkeit, brachliegende Stärken zu entdecken und zu nutzen oder bereits zur Anwendung kommende Stärken weiter zu entwickeln. Identifizieren Sie Aufgaben, welche besser von jemand anderem erfüllt werden können, der passendere Stärken, Erfahrungen oder Wissen in einem bestimmten Bereich mitbringt.

So managen Sie Schwächen Ihrer Mitarbeiter

Einige Schwächen sind vielleicht schlicht nicht relevant für die Rolle einer Person. Fokussieren Sie sich auf solche, die kritisch sind, weil sie die Leistung Ihrer Mitarbeiter unterminieren und schenken Sie anderen Schwächen keine Aufmerksamkeit.

Fördern Sie eine Kultur der Ehrlichkeit, was Schwächen angeht. Versichern Sie Ihren Mitarbeitern, dass niemand gut in allen Dingen sein kann und dass gute Leistung aus der Anwendung von Stärken entsteht.

Überlegen Sie sich, wie Sie die Rollen im Team so umorganisieren, dass die Mitarbeiter es grundsätzlich vermeiden können, von ihren Schwächen behindert zu werden.

Autorisieren Sie Ihr Team, Aufgaben selbständig an eine Kollegin oder einen Kollegen zu delegieren, welcher eine Stärke dafür verwenden kann, wenn eine Schwäche sich kritisch auswirkt. Dies funktioniert am besten, wenn alle Teammitglieder so vorgehen, dass keine einzelne Person überlastet wird.

Unterstützen Sie Ihre Mitarbeiter dabei, sich auf das gewünschte Ergebnis einer Aufgabe zu konzentrieren, nicht auf einen bereits im Voraus festgelegten Prozess. Vielleicht können mit einem anderen Vorgehen Stärken aktiviert werden. Sollte es unumgänglich sein, dass ein Mitarbeiter Aufgaben erledigen muss, bei welchen Schwächen nicht verhindert werden können, dann fokussieren Sie sich auf eine genügende Leistung. Denken Sie daran, dass ansonsten viel Energie aufgewendet werden muss und dass daraus nie eine Stärke werden wird.

Sollten jedoch vorhandene (persönliche) Schwächen die existierenden Stärken limitieren oder sogar aufheben, so dass der Teamerfolg gefährdet ist, müssen Sie handeln. In diesem Fall ist eine Versetzung oder gar Trennung notwendig, vorausgesetzt, Sie haben im Vorfeld alle möglichen Optionen geprüft. Alles andere wäre kontraproduktiv und würde die Teamperformance dauerhaft gefährden.

Mit Fragen aus dem Coaching stärkenorientiert führen

Folgende Fragen können Sie in einem stärkenorientierten Mitarbeitergespräch oder auch in einem Einstellungsinterview stellen:

- Welche Talente haben Sie bei sich selbst entdeckt?
- Was fällt Ihnen besonders leicht?
- In welchen Bereichen erzielen Sie gute Ergebnisse, ohne sich dafür besonders anstrengen zu müssen?
- Was oder wo waren bisher Ihre größten Erfolge und auf welchen Stärken basieren diese?
- Wenn Sie Ihr Aufgabengebiet selbst festlegen könnten, wie würde dieses konkret aussehen?
- Aus welchen Aufgaben schöpfen Sie selbst Energie und erfüllen diese mit Leidenschaft?
- Bei welchen Themen oder Aufgaben werden Sie von Ihren Kollegen als Spezialist um Rat bzw. Hilfe gebeten?
- Wenn ich Ihre Ex-Führungskräfte und Ex-Kollegen fragen würde, wo Ihre Stärken liegen, was würden diese antworten?

Checkmark...

... zur stärkenorientierten Führung

- ☐ Erkennen Sie, welche Stärke einem Mitarbeiter Energie gibt?
- ☐ Machen Sie Stärken täglich in Gesprächen, Team-Meetings und beim Delegieren von Aufgaben zum Thema?
- ☐ Geben Sie Ihrem Team die Möglichkeit, individuelle Stärken und Schwächen gegenseitig auszutauschen?
- ☐ Befähigen Sie Ihre Mitarbeiter in komplementären Partnerschaften zu arbeiten, in welchen sich Stärken ergänzen und die Notwendigkeit, mit Schwächen arbeiten zu müssen, reduziert wird?
- ☐ Geben Sie Feedback zeitnah und nicht nur anlässlich jährlicher Mitarbeitergespräche?
- ☐ Fördern Sie den Einsatz und die Weiterentwicklung von Stärken, indem Sie Ihre Beobachtungen und die Wirkungen des spezifischen Verhaltens erfassen?
- ☐ Geben Sie positives und negatives Feedback separat?
- ☐ Machen Sie sich die Erfolge der vergangenen Periode bewusst und erforschen Sie die Stärken, welche diese ermöglicht haben?
- ☐ Sorgen Sie für herausfordernde Ziele, welche den Einsatz und die Weiterentwicklung von Stärken ermöglichen?
- ☐ Thematisieren Sie ungenügende Leistung und suchen Sie Wege, die negative Wirkung von Schwächen zu minimieren?
- ☐ Delegieren Sie Aufgaben auf der Basis von Stärken?

Motivation – ein klassisches Missverständnis?

Wollen Sie wirklich stärkenorientiert führen oder konzentrieren Sie sich noch immer an der Schwächen-Bekämpfung? Jetzt wird es gleich etwas „sozialdarwinistisch" und provokant. Wenn Sie Evolution betreiben wollen oder gar müssen, weil die Zeiten es erfordern und es auf Schnelligkeit ankommt, hat eine langsame Evolution über mehrere Äonen hinweg nicht die geringste Chance, dass Sie selbst oder Ihre Mitarbeiter das noch erleben werden. Evolutionssprünge sind in der Vergangenheit keine Seltenheit gewesen, um das Überleben der eigenen Art zu sichern, diese neu zu formen und sie damit an sich verändernde Umweltbedingungen anzupassen. Das waren dann sogenannte „Mutationen". Schaffen Sie es, diese zu generieren? Müssten die Betroffenen dann nicht in der Lage sein, sich zu einem solchen Veränderungsprozess zu entschließen und sich dazu selbst motivieren? Der Stärkere überlebt. Soweit zu Darwin.

Wenn wir über stärkenorientierte Führung sprechen, darf das Thema Motivation nicht fehlen. Über kein Führungsthema wurde so viel publiziert wie über diesen Dauer-„Kittelbrenner". Dummerweise ist aber auch über kein anderes Thema so viel Unsinn geschrieben worden. Dass Motivation auch noch im 21. Jahrhundert ein omnipräsentes Thema in der Führung ist, merke ich in jedem Führungstraining. Kaum ein Seminar vergeht, in dem nicht mindestens einmal die Frage aufkommt, wie man denn nun am besten seine Mitarbeiter zu (noch mehr) Leistung motivieren könne. Viele Führungskräfte sind nach wie vor der Ansicht, Mitarbeiter ständig neu motivieren zu müssen, da sonst deren Leistung sinken würde. Dann wird gelobt und die 7-Zwerge-Instrumente wie Boni und Incentives kommen zum Einsatz. Doch diese Motivationsinstrumente erzielen, wenn überhaupt, nur eine kurzfristige Wirkung. Irgendwann kommt dann doch die innere Rebellion.

Der Teufelskreis der permanenten Motivationsversuche

Ein Grund, warum sich viele Führungskräfte zunehmend gezwungen sehen, ihre Mitarbeiter bei der Stange zu halten und stets neu zu motivieren, ist der demografische Wandel. Er erschwert es vielen Unternehmen, neue und gute Mitarbeiter zu gewinnen. Das erhöht den Druck auf die Führungskräfte, die Leistungsbereitschaft der vorhandenen Mitarbeiter zu bewahren und zu steigern. Also jagt eine Aktion der Mitarbeitermotivation die nächste. Diese Dauermotivation hat jedoch zur Folge, dass die Mitarbeiter mit der Zeit abstumpfen und nicht mehr empfänglich für erneute, zusätzliche Anreize werden. Sie bauen folgendes Gefühl und Denkmuster auf: „Es ist die Aufgabe des Unternehmens beziehungsweise meiner Führungskraft, mich zu motivieren, damit ich Leistung bringe." Mit dieser Erwartungshaltung konfrontieren sie ihre Führungskräfte. Also investieren diese noch mehr in die Mitarbeitermotivation, was wiederum die entsprechende Erwartungshaltung der Mitarbeiter verstärkt. Die Folge: Die Mitarbeiter werden immer inaktiver und reagieren nur noch, statt zu agieren. Mit der Zeit stumpfen sie ab und landen am Ende im Burn-Outland.

Warum aber machen so viele Führungskräfte dieses Spiel mit? Woher rührt ihre Überzeugung, ihre Mitarbeiter motivieren zu müssen? Dies liegt häufig daran, dass sie glauben, von ihren Mitarbeitern abhängig zu sein, denn letztlich wird die Leistung einer Führungskraft an der Leistung ihrer Mitarbeiter gemessen. Deshalb greifen viele Führungskräfte ständig zum Instrument der Motivation, aus Angst, die Leistung der Mitarbeiter könnte sonst sinken und sie selbst würden bei ihren eigenen Führungskräften in einem schlechten Licht erscheinen. Hinter einem solchen Verhalten steckt ein fragwürdiges Führungsverständnis. Arbeit wird primär als Pflichterfüllung gesehen und Nichtmotivation als das Fehlen von Führungsstärke.

Doch Motivation ist mehr als das, ebenso wie seelische Gesundheit mehr als das Nichtvorhandensein von psychischen Störungen ist. Das zeigt der Ansatz der Positiven Psychologie, die vom US-amerikanischen Forscher Martin Seligman Ende des letzten Jahrhunderts begründet wurde. Bis dahin beschäftigte sich die Psychologie überwiegend mit dem Abbau von Leidensdruck und mit negativer psychischer Symptomatik. Martin Seligman begann, sich folgende Fragen zu stellen: Was macht das Leben lebenswert? Warum sind manche Menschen glücklich? Wie lässt sich das subjektive Wohlbefinden steigern?

Denken in Defiziten führt nicht zum Ziel - Kernfragen der Positiven Psychologie

Ziel der Positiven Psychologie ist es, Menschen glücklicher bzw. wenigstens zufriedener zu machen. Sie sollen dabei unterstützt werden, positive Emotionen aufzubauen sowie Erfüllung und Sinn im Leben zu finden. Das ist weit mehr als das „Positive Denken“, das in vielen Motivationsseminaren den Mitarbeitern antrainiert wird. Die Überzeugung vieler Führungskräfte, ihre Mitarbeiter motivieren zu müssen, damit deren Leistung nicht nachlässt, orientiert sich ausschließlich an

Defiziten. Das heißt, sie gehen von einem grundsätzlichen Mangel bei den Mitarbeitern aus. Die entscheidenden Fragen dabei aber sind, warum die Mitarbeiter dann überhaupt erst eingestellt wurden und wie sie so begleitet werden können, dass bei ihnen innere Motivation und Zufriedenheit entstehen. Hierfür bieten sich als Modell die sogenannten Bedürfnis-Behälter der Positiven Psychologie an.

Die Bedürfnis-Behälter Ihrer Mitarbeiter

Die beiden US-amerikanischen Wissenschaftler Edward L. Deci und Richard M. Ryan beschreiben in ihrer „self determination theory of motivation" drei zentrale, menschliche Wachstumsbedürfnisse als Motor für die persönliche Entwicklung von Menschen und deren Wohlbefinden: Autonomie, Kompetenz und Beziehung. Führungskräfte sollten diese Bedürfnisse kennen und beachten, denn sie sind die Grundlage für das Entstehen intrinsischer Motivation und für ein nachhaltiges Lernen. Diese Bedürfnisse sind nie endgültig befriedigt. Sie wechseln ihre Intensität vielmehr im Verlauf unserer Biografie und im Kontext der verschiedenen Anforderungen, die das Leben an uns stellt.

Die „Bedürfnis-Behälter" gilt es, immer wieder zu füllen. Sofern sie auf „sicherem" Boden stehen, verlieren sie ihren Inhalt nicht und es wird leichter, sie - je nach Situation - wieder aufzufüllen. Sicherheit ist die Basis, die den drei Behältern einen festen Stand verleiht. Sicherheit geben Mitarbeitern zum Beispiel wichtige Bezugspersonen, die sie unterstützen. Hierzu zählen auch Sie als Führungskraft und Sie können bei der persönlichen Entwicklung und beim Lernen begleitend unterstützen. Dabei gilt zudem der alte Grundsatz „herrschen und teilen". Geben Sie einen Teil Ihrer Macht an Ihre Mitarbeiter ab, so werden diese selbständiger und erlangen ebenfalls Führungspotenzial. Dazu sollten Sie als Führungskraft bereit sein.

„Wer viel hat, kann teilen. Wer stark ist, kann Schwächere tragen. Wem es gut geht, der kann dafür sorgen, dass es anderen besser geht."

(Roman Herzog, deutscher Politiker, 1934-2017)

Wie können Sie Ihre Mitarbeiter nun so begleiten, dass die drei „Bedürfnis-Behälter" stets gefüllt bleiben?

Das Wachstumsbedürfnis Autonomie stärken Sie, indem Sie Ihre Mitarbeiter aktiv an der Gestaltung der relevanten Ziele der eigenen Arbeit beteiligen oder sie diese sogar selbst bestimmen lassen. Untersuchungen haben gezeigt, dass nicht nur der reale Grad der Selbstbestimmung relevant ist, sondern auch die gefühlte Entscheidungsfreiheit. Menschen möchten sich in dem, was sie tun, als selbstwirksam erleben. Sie möchten das Gefühl haben, durch ihre eigene Kompetenz und ihren Sachverstand etwas bewirken zu können. Führungskräfte sollten daher stärker auf die Kompetenz ihrer Mitarbeiter vertrauen, zum Beispiel Probleme zu erkennen und zu lösen. Sie sollten Ihren Mitarbeitern zwar durchaus mögliche Sichtweisen aufzeigen, doch die Lösungskompetenz für eine Aufgabe bei ihnen belassen. Dies gelingt durch gezieltes Nachfragen wie etwa: „Wie würden Sie das Problem lösen?" Das Gefäß

„Selbstwirksamkeit" füllen Sie, indem Sie den Mitarbeitern Vertrauen in deren Können signalisieren. Wichtig ist dabei, ein rasches, positives Feedback zu geben, wenn es angebracht ist. Ein routinemäßiges Lob kann zwar die persönliche Bindung stärken, doch die Selbstwirksamkeit der Mitarbeiter wird eher durch ein wertschätzendes, auf die Tatsachen fokussiertes Feedback gestärkt. Beschreiben Sie Ihre positiven Beobachtungen daher ganz konkret. Was haben Sie bei Ihrem Mitarbeiter gesehen, gehört und erlebt? Je konkreter Sie Feedback geben, desto besser fühlen sich die Mitarbeiter betreut. Ebenso sollten Sie Ihre Mitarbeiter fragen, welche ihrer Stärken - z.B. Ausdauer, Enthusiasmus oder Kreativität - sie für den Erfolg eingesetzt haben. Dadurch wird den Mitarbeitern selbst bewusst, wie sie den Erfolg aus sich heraus bewirkt haben. Das ist ein wesentlicher Schritt, um die innere Motivation zu stärken, denn wer möchte nicht ein erfolgreicher Gestalter sein?

Mit der Haltung: „Sie haben die Lösung in sich", stärken Sie ebenfalls das Wachstumsmotiv Bindung bzw. Beziehung bei Ihren Mitarbeitern. Durch das Gefühl, als Individuum wahrgenommen und ernst genommen zu werden, entsteht menschliche Nähe. Erlebt sich ein Mitarbeiter hingegen primär als Mittel zum Erreichen der persönlichen Ziele seiner Führungskraft, entsteht keine echte Bindung. Eine Begegnung voller Wertschätzung, die geprägt ist von der Haltung: „Ich schenke Ihnen meine volle Aufmerksamkeit", fördert hingegen den Zusammenhalt.

Denken Sie an unseren einsamen Widerstandskämpfer zu Beginn dieser Aufgabe. Er hatte seinen Gruppenführern Autonomie im Handeln gegeben, ihre Kompetenzen wahrgenommen, ihnen diese mitgeteilt und durch das aufgebaute Netzwerk eine ständige Beziehung und Bindung untereinander und zu ihm selbst geschaffen.

Mitarbeiter kommen zum Unternehmen - und sie verlassen die Führungskraft

Wenn wir uns Umfragen und Studien ansehen, weshalb Mitarbeiter zum Unternehmen kommen, warum sie bleiben und weshalb sie gehen, fällt immer ein besonderes Phänomen auf. In den Kategorien „Kommen" und „Bleiben" zählen zu den Hauptgründen vor allem das Image des Unternehmens, ein wettbewerbsfähiges Gehalt, herausfordernde Tätigkeiten oder Aufstiegs- und Karriereperspektiven. Wenn wir uns dagegen die Kategorie „Gehen" näher ansehen, wird das Verhältnis zur direkten Führungskraft zumeist als der Hauptgrund für einen Wechsel genannt. Demnach kommen Mitarbeiter zum Unternehmen und verlassen später die ehemalige Führungskraft. Das liegt wohl an der Demotivation. Und wenn wir das Demotivieren lassen, ist schon viel gewonnen.

Eine gute Führungskraft hat die Aufgabe, gute Mitarbeiter zu erkennen, zu fördern und dafür zu sorgen, dass sie in der Organisation nach oben kommen. Wenn die Weiterentwicklung dieser Mitarbeiter letztlich irgendwann zu deren Verlust führt, dann ist das zu akzeptieren. Unbedingte Loyalität einzufordern, ist völlig fehl am Platz. Menschen müssen sich zu jeder Zeit entscheiden dürfen, wo sie hinwollen, egal ob das innerhalb oder außerhalb des Unternehmens stattfindet. Dieser Wahrheit müssen wir uns als Führungskräfte stellen. Katastrophal ist jedoch, wenn gute Mitarbeiter demotiviert werden, weil versäumt wird, bei den ersten Anzeichen von Leistungsabfall die Betroffenen darauf anzusprechen. Führungskräfte sollten ihre Mitarbeiter regelmäßig an deren vertragliche Verpflichtungen erinnern. Solche Gespräche werden seitens der Mitarbeiter nicht etwa als Kritik, sondern als Unterstützung erlebt. Sie sind eine Form, die eigenen Mitarbeiter wertzuschätzen.

Checkmark...

... zur Beseitigung von Demotivatoren

- ☐ Übertragen Sie Aufgaben immer klar und eindeutig?
- ☐ Kritisieren Sie an unnötiger Stelle?
- ☐ Informieren Sie zu spät oder unzureichend?
- ☐ Fördern Sie Mitarbeiterstärken im erforderlichen Umfang?
- ☐ Lassen Sie Mitarbeitern genügend Freiraum für eigene Entscheidungen?
- ☐ Loben Sie regelmäßig gute Leistungen?

Sind Mitarbeiterbeurteilungsgespräche und Stellenbeschreibungen noch zeitgemäß?

Zum Abschluss der dritten Führungsaufgabe „Menschen stärken" möchte ich Sie noch mit zwei Provokationen konfrontieren. Es geht dabei um zwei Klassiker der Mitarbeiterführung: Mitarbeiterbeurteilungsgespräche und Stellenbeschreibungen. Meine Empfehlung vorab: Schaffen Sie beides ab!

Provokation 1:

Schaffen Sie standardisierte Mitarbeiterbeurteilungsgespräche ab

Allein der Wortbestandteil „Urteil" ruft schon eine negative Assoziation mit „verurteilen" oder „angeklagt sein" hervor. Als Führungskraft sind Sie jedoch weder Tribunal, noch Richter oder Henker. Wenn überhaupt notwendig, müsste es besser „Mitarbeiter-Demotivationsverhinderungsversuchsgespräche" heißen, und das klingt dann doch etwas sperrig.

„Denken ist schwer, darum urteilen die meisten."
(Carl Gustav Jung, Begründer der analytischen Psychologie, 1875-1961)

Zum Jahreswechsel ist in vielen Unternehmen ein immerwährendes Ritual zu beobachten. Die Führungskraft lädt den Mitarbeiter zum üblichen Jahresgespräch ein. Trotz des latenten Widerstands der Führungskraft und des Mitarbeiters besteht die Personalabteilung auf diesem Inquisitionsprozess. Mithilfe des Protokolls vom Vorjahr werden die vorgegebenen Punkte wieder einmal der Reihe nach abgehakt. Dem Mitarbeiter wird der Spiegel vorgehalten und er „bekommt reflektiert", wie die Führungskraft ihn einschätzt. Der Mitarbeiter sieht sich im Falle kritischer Anmerkungen zur Rechtfertigung gezwungen oder schweigt betroffen. Unerwartetes Lob nimmt er gerne an. Nach dem Gespräch werden neue Ziele vorgegeben, die häufig den

Zielen des Vorjahres entsprechen. Das Gesagte wird zu Protokoll genommen, um es im Folgejahr erneut auf den Prüfstand zu stellen. „Same procedure as last year, Miss Sophie?" Am Ende ist die Personalabteilung zufrieden, weil das Gespräch formaljuristisch abgehakt werden kann. Es soll aber auch Mitarbeiter geben, die sich auf das Jahresgespräch freuen, weil sie sonst nie Feedback von ihrer Führungskraft erhalten und sie so die Möglichkeit haben, ihre Wünsche und Bedürfnisse zu äußern.

Beide Situationen offenbaren Unzulänglichkeiten einer missverstandenen Unternehmenskultur. Die erste zeugt von einer nicht mehr zeitgemäßen Tradition, die beide Betroffenen vermeintlich nicht anzweifeln dürfen. Die zweite erweckt den Eindruck, dass der Mitarbeiter nur einmal im Jahr eine Audienz gewährt bekommt und die übrigen Tage des Jahres stillschweigend Dienst nach Vorschrift zu leisten hat. Es ist immer richtig und wichtig, Kommunikation zu betreiben, das kann ein institutionalisiertes Jahresgespräch jedoch nicht leisten. Da helfen auch keine Formalismen und gut durchdachte Checklisten.

Stellen Sie sich im Vergleich dazu vor, ein jährliches Eltern-Kind-Gespräch würde durch das zuständige Ministerium staatlicherseits einmal im Jahr am Tag der deutschen Einheit vorgeschrieben. Alle Eltern wären verpflichtet, die Ergebnisse auf einem staatlich vorgegebenen Formular schriftlich festzuhalten und ans Ministerium für Familie und Soziales weiterzuleiten. Das würde die Erziehung in Deutschland nicht verbessern, zudem würde sich das Familienministerium mit diesem Vorstoß keinen Gefallen tun.

In den 70er Jahren des letzten Jahrhunderts wurde das Mitarbeiterbeurteilungsgespräch eingeführt, um im Zuge der Humanisierung den Mitarbeitern die Beurteilungen durch die jeweilige Führungskraft zu vermitteln. Feedback ist zwar gut und wird von den Arbeitnehmern gewünscht, nur hätten die meisten dieses gerne häufiger und zwar am besten direkt, nachdem sie eine bestimmte Aufgabe erledigt haben. Daher sind aus meiner Sicht mehrere Gespräche über das Jahr verteilt besser als eine einzige jährliche „Generalabrechnung". Häufigere Gespräche zwischen Führungskräften und Mitarbeitern sind nicht nur deshalb sinnvoll, weil die Mitarbeiter auf diese Weise kontinuierlich wissen, wo sie stehen. Sie erlauben es des Weiteren, kurzfristige Ziele zu setzen, da es angesichts des schnellen Wandels in der Wirtschaft immer schwieriger wird, langfristig zu planen und den Mitarbeitern Ziele für die nächsten zwölf Monate vorzugeben.

Für mich sind jährliche Mitarbeitergespräche anhand eines standardisierten Fragebogens grundsätzlich überholt. Wir erleben heute eine Form partnerschaftlicher Führung. In einem von Vertrauen geprägten Verhältnis zwischen Führungskraft und Mitarbeiter mutet deshalb ein institutionalisiertes Jahresgespräch fremd an. Oft kommen die Führungskräfte selbst aus dem Kreis ihrer früheren Kollegen und man duzt sich untereinander. Es passt auch nicht zu der Umgangsform, die beide Seiten sonst über das Jahr hinweg pflegen. Da wird es zu einer Persiflage, wenn die Führungskraft einmal im Jahr ein Formular ausfüllt, das dann an die HR-Abteilung weitergegeben wird. So wird aus dem erwünschten, informellen Feedback ein formales Urteil. Ich kann mir kaum vorstellen, dass der Trainer der Fußball-Nationalmannschaft jemals ein Mitarbeiterbeurteilungsgespräch mit seinem Torwart geführt hat. Die beiden haben eine andere, überlegenere Ebene der Zusammenarbeit gefunden. Auf diesem Level wird über Ziele, Erwartungen und Leistung offen gesprochen, und zwar immer dann, wenn die Dinge konkret anstehen. Ohne Punkt und Komma und ohne HR und Formular.

Allerdings - und das betone ich ausdrücklich - sollten sich die Gegner des Mitarbeitergesprächs nicht zu früh freuen, sondern sich eher einer neuen, zeitgemäßen Form der Gesprächskultur stellen. Wie könnten also moderne Mitarbeitergespräche ablaufen? Hier möchte ich bewusst zwischen dem individuellen Gespräch mit Ihren einzelnen Mitarbeitern und kollektiven Teamsitzungen differenzieren.

Einzel-Feedback ohne Beurteilungskriterien

Das Einzelgespräch könnte ganz banal mit einem Blatt als Vorlage stattfinden, auf dem zwei Fragen für den Mitarbeiter stehen: „Worauf will ich in zwölf Monaten stolz sein?", und: „Worin will ich in den kommenden zwölf Monaten besser werden?" Auf einem weiteren Blatt stehen zwei Sätze für die Führungskraft zum Feedback an den Mitarbeiter: „Was ich an Ihnen schätze", und: „Was ich mir von Ihnen noch wünsche." Und wenn die Führungskraft besonders mutig ist, stellt sie noch die Frage an den Mitarbeiter: „Wie und in welchen Situationen demotiviere ich Sie durch mein Verhalten?" Halten Sie dann allerdings auch die Antwort aus. Ein ehrlicheres Feedback werden Sie - Vertrauen vorausgesetzt - nicht mehr bekommen.

Teamziele statt Einzelvorgaben

Individuelle Zielsetzungen sind zwar notwendig, doch müssen sich die Vorgaben heute vermehrt an Teams richten, weil die künftige Wertschöpfung eher im Team als von Einzelpersonen erbracht wird. Einzelvorgaben können die Zusammenarbeit der Mitarbeiter untereinander sogar erschweren oder verhindern. Wenn Mitarbeiter wissen, dass die Führung irgendwann anhand einer formalisierten Beurteilung über ihre Karriere bestimmt, werden sie sich möglichst so verhalten, dass das Kreuzchen im Formular an die für sie „richtige" Stelle gesetzt wird. Das bringt ein Unternehmen letztendlich aber nicht weiter. Ziele an Teams auszurichten, bedeutet, dass auch Feedbacks innerhalb der Teams stattfinden. Die Teammitglieder tauschen sich regelmäßig aus und fragen sich, was gut läuft oder was man besser machen kann. Wer ein persönliches Feedback von seiner Führungskraft will, müsste sich dieses in letzter Konsequenz dann selbst holen. Die Ergebnisse bleiben im Team, werden nicht mehr von der Führungskraft niedergeschrieben und auch an keine übergeordnete Stelle wie die HR-Abteilung mehr weitergeleitet. In einem solchen System haben Mitarbeiter mehr Gestaltungsspielraum, gleichzeitig übernehmen sie mehr Eigenverantwortung. Die Führungskräfte ihrerseits müssen sich dann darauf verlassen können, dass Mitarbeiter sich an Abmachungen halten, auch wenn diese nirgendwo mehr schriftlich festgehalten sind. Und sie müssen in der Lage sein, ihre Teammitglieder zu bewerten, ohne sich dabei an einem vorgegebenen Formular zu orientieren. Das setzt natürlich neben Vertrauen eine Sensibilisierung und ein entsprechendes Training der Führungskräfte voraus, denn meiner Erfahrung nach behaupte ich (und lasse mich gerne vom Gegenteil überzeugen), dass viele Führungskräfte diesbezüglich noch nicht entsprechend geschult und zu einem Paradigmenwechsel auch noch nicht bereit sind. Ich freue mich schon auf eine wachsende Gruppe von Pionieren an der Führungsfront, welche anders denken und handeln.

In einem südbayerischen Unternehmen hatte ich die Aufgabe, die bisherigen Zielvereinbarungs- und Qualifikationsgespräche abzuschaffen, denn diese passten nach Absprache mit der Unternehmensführung nicht mehr ins heutige Umfeld und engten die Mitarbeiter zu stark ein. Führungskräfte und Mitarbeiter sollten sich fortan in kurzen Zeitabständen mündlich austauschen. Allein die Ankündigung, die Jahresgespräche abzuschaffen, wurde von den Mitarbeitern euphorisch begrüßt. Auch in anderen Unternehmen braucht man sich nur umzuhören, um festzustellen, dass Jahresgespräche als lästig empfunden werden. Selbst in HR-Abteilungen denkt man immer mehr darüber nach, ob dieses Instrument noch das richtige sei. Deswegen bin ich überzeugt davon, dass sich in den nächsten Jahren einiges ändert. In 10 bis 15 Jahren werden wir zurückblicken auf die heutige noch praktizierte Art der „Beurteilung“ und uns darüber wundern. Deswegen hier ein Tipp an die HR-

Abteilungen: Achten Sie als Personaler besonders auf die Führungskultur, wenn Sie Ihre Kollegen mit einem institutionalisierten Mitarbeitergespräch beglücken und dieses aktiv einfordern. Die Sache wird mittelfristig schneller zur Farce, als Sie sich das jetzt vorstellen können.

Provokation 2:

Schaffen Sie Stellenbeschreibungen ab

Lange Zeit waren Stellenbeschreibungen sowohl für Mitarbeiter und Führungskräfte als auch für Personalabteilungen und das Unternehmen als Ganzes ein hilfreiches Instrument. Sie stellten vor allem Transparenz her und schafften Klarheit über Ziele, Aufgaben und Verantwortungsbereiche. Darüber hinaus sind in einer Stellenbeschreibung im Idealfall die für die Stelle relevanten Kompetenzanforderungen beschrieben, so dass dem Mitarbeiter klar ist, welche Anforderungen an ihn gestellt werden und welche Kompetenzen er unter Umständen noch weiterentwickeln muss, um seine Aufgaben erfolgreich bewältigen zu können. Für die Führungskraft hat es ebenfalls Vorteile, wenn Aufgaben, Anforderungen und Verantwortlichkeiten in einer Stellenbeschreibung klar beschrieben sind. Dies erleichtert zum einen die Kommunikation mit dem Mitarbeiter und zum anderen auch die Abgrenzung von Aufgaben im Team. Ist der Verantwortungsbereich in einer Stellenbeschreibung klar umrissen, wird der Anspruch erhoben, Kompetenz-, Rollen- und Zuständigkeitskonflikte, die in Unternehmen an der Tagesordnung sind, zu vermeiden oder zu verringern. Sind Stellvertretungs-Regelungen in den Beschreibungen enthalten, ist zudem für den Urlaubs- und Krankheitsfall geregelt, wer die Aufgaben der Kollegin oder des Kollegen übernimmt. Soweit zur Bedeutung in der Vergangenheit und in der Theorie.

Heute sind starre und damit unflexible Stellenbeschreibungen wenig sinnvoll, weil sich aufgrund veränderter Kunden- und Marktbedingungen oder organisatorischer Rahmenbedingungen Aufgabenbereiche, Stellen und Rollen permanent verändern. Daher ist es nahezu unmöglich, Stellenbeschreibungen auf dem jeweils aktuellen Stand zu halten. Wer dies dennoch versuchen möchte, wird sich einem überaus hohen administrativen und personellen Aufwand stellen müssen. Ich kenne ein größeres mittelständisches Unternehmen, das tatsächlich eine Vollzeitstelle innerhalb der HR-Abteilung geschaffen hat, nur um alle Stellenbeschreibungen zu pflegen und zu aktualisieren. Schließlich müsse ja gemäß der Richtlinien des Qualitätsmanagements die permanente Aktualisierung gewährleistet sein. Aufwand und Nutzen scheinen hier in keinem vernünftigen Verhältnis mehr zu stehen. Darüber hinaus fördern Stellenbeschreibungen ein starres, stellenkonformes Verhalten. Wenn heutzutage schnelle Innovationen von Unternehmen klare Wettbewerbsvorteile schaffen, wird der Erfolg oder Nichterfolg von Organisationen immer mehr von den Lern- und Innovationskompetenzen der Mitarbeiter abhängen und nicht mehr von deren Funktions- oder Stellenbeschreibungen. Mitarbeiter und Führungskräfte sind gezwungen, flexibel und über ihren eigentlichen Aufgabenbereich oder die Stellenbeschreibung hinaus zu agieren. In einer modernen und agilen Arbeitswelt braucht man Mitarbeiter, die selbstorganisiert, vernetzt, eigenverantwortlich und über den Tellerrand hinaus denken und handeln und nicht solche, die sich darauf berufen, was in ihrer Stellenbeschreibung steht - oder besser, was nicht. Wie oft habe ich in Unternehmen schon den Satz gehört: „Das steht aber nicht in meiner Stellenbeschreibung." Wenn Stellenbeschreibungen verhindern, dass Unternehmen zu lernenden und innovativen Organisationen werden und Mitarbeiter nicht bereit sind, Eigenverantwortung zu übernehmen, sondern lieber „Dienst nach Vorschrift" leisten, ist mit diesem HR-Instrument nichts mehr gewonnen.

Wenn Sie schlagkräftige und für die Zukunft gewappnete Mitarbeiter und Teams wollen, die agieren und nicht reagieren, dann ist es sinnvoll, sich von einem Instrument wie der Stellenbeschreibung zu verabschieden.

Die Alternative: flexible Kompetenz- und Rollenprofile

Eine gute Alternative zur klassischen Stellenbeschreibung sind flexible Kompetenz- und Rollenprofile. Diese werden nicht für eine einzige Funktion oder Stelle abgebildet, sondern für Jobfamilien, die mehrere Funktionen eines Geschäftsbereiches (zum Beispiel Vertrieb) zusammenfassen. In diesen „One-Pagern" sind in aller Kürze die zentralen Aufgaben, Verantwortungen und Kompetenzen für die entsprechenden Bereiche der Jobfamilie (für den Vertrieb zum Beispiel Innendienst, Außendienst, Key-Account-Management, PR, Marketing) zusammengefasst. In den Profilen sind Anforderungen an die Zusammenarbeit mit internen Schnittstellen abgebildet. Gegenüber Stellenbeschreibungen haben Kompetenz- und Rollenprofile den Vorteil, dass sie flexibler sind und schneller angepasst werden können. Außerdem sind sie handhabbarer, weil sie auf einer einzigen Seite übersichtlich dargestellt sind. Darüber hinaus verringern sie den administrativen Aufwand für HR deutlich, weil die Anzahl der Profile gegenüber den alten Stellenbeschreibungen drastisch reduziert ist.

Aufgabe 4: Erfolgsorientiert handeln

Das große Werk

Achet Chufu
(Horizont des Cheops)

Unterägypten, 3.600 v.Chr. - Hemiunu schrak schweißgebadet gegen Mitternacht aus seinem Schlaf auf. Er zitterte am ganzen Körper und ihm war heiß und kalt zugleich. Wieder dieser grässliche Alptraum. Es war kaum mehr erträglich. Nacht für Nacht, fast 10 Jahre lang. Seine Frau Nefertiti (was aus dem Afrikanischen kam und so viel bedeutete wie „die Schöne ist gekommen") drehte sich auf ihrem Teil des Bettes um und seufzte kurz. Hemiunus Träume bekam sie irgendwie mit, wachte jedoch selten dabei auf. Ihr Ehemann beneidete sie um ihre unerschütterliche Gelassenheit, die Dinge einfach so hinzunehmen, wie sie kamen. Er trat aus seinem Zimmer heraus auf die Terrasse und schaute empor in den sternenklaren Himmel über dem Nildelta und der endlosen Weite des Gizeh-Plateaus, das schließlich in die lebensfeindliche Sahara überging. Unter ihm lagen die Siedlungen der tausenden von Bauarbeitern mit ihren Familien, die allesamt freie Männer und Frauen Ägyptens waren und seit 10 Jahren gemeinsam am größten Projekt der damaligen Weltgeschichte arbeiteten. Tausende von Männern hatten sich freiwillig angeboten, ihr Leben für den Bau der großen Pyramide hinzugeben. Das geschah aus religiösen Gründen. Das Grabmal des Pharaos musste unbedingt noch vor dessen Tod fertig werden. Das war keine Fronarbeit sondern Gottesdienst. Kein Sklave arbeitete auf der Baustelle. Wenn das Grabmal des Pharaos Cheops nicht zu seinen Lebzeiten fertig würde, dann drohten dem Land höchste Gefahren und der Untergang, weil die Seele des Gottkönigs nicht rechtzeitig wiederbelebt werden könnte, um sein Volk auf ewig zusammen mit den Göttern zu beschützen. Jeder im Reich glaubte an dieses Gesetz und befürchtete die schlimmsten Konsequenzen, wenn sie nicht rechtzeitig fertigwerden sollten. Es war eine Ehre, für das Grabmal ihres Königs arbeiten zu dürfen. Und es wurde nicht jeder ausgewählt, dieser Ehre zu Teil werden zu dürfen. So arbeiteten alle nicht nur an der Wiederauferstehungsmaschine ihres Halbgottes, denn etwas anderes war das Grabmal des Pharaos im damaligen Glauben nicht, sondern vor allem an der Sicherheit ihres eigenen Lebens. Cheops musste in der Lage sein, mit der Barke der Toten durch die Nacht in den Tag zu reisen und auf alle Gefahren der Unterwelt richtig vorbereitet zu sein.

Hemiunu wurde von seinem Herrn, der im Altägyptischen statt „Cheops" mit dem Namen „Chufu" bezeichnet wurde, zum Baumeister der Pyramide ernannt. Eine solche Ehre konnte man im damals größten Reich der Welt um Gottes, äh, Pharaos Willen niemals ausschlagen. Man konnte ansonsten natürlich auch gerne mit den Nilkrokodilen baden gehen, aber nur ein einziges Mal. Ein Baumeister war in Altägypten gleichzeitig auch der oberste Priester und musste das Göttliche, die Spiritualität und den täglichen Wahnsinn der Logistik auf den Baustellen planen, organisieren und unter einen Hut bringen. Damit war er spiritueller Abgesandter seines Gottes und zugleich Abteilungsleiter des Bautrupps, also der Vorarbeiter. Weiterhin war er Ingenieur, Bauplaner, Statiker, Mathematiker, Geologe und ein Lehrmeister der Geometrie. Auch in dieser Zunft gab es Vorbilder und Dynastien von Baumeistern, die weit zurückreichten bis zum ehrenwerten Imhotep, der vor Jahrhunderten die allererste Pyramide konzipiert hatte. Manchmal wurde er auf der Baustelle auch ehrfürchtig als „Imhotep Hemiunu" angesprochen, aber nur leise gehaucht und mit Ehrfurcht in der Stimme. Doch all das Gehabe und Geflüster war er leid. Er war massiv in Zeitdruck. Basta. Starrsinnige Regeln, frustrierende Vorgaben und Unmöglichkeiten in der Ausführung machten ihm zu schaffen.

Er griff sich seinen Lendenschurz und betrat mit nacktem Oberkörper den Balkon seines durchaus anspruchsvollen Hauses. Im kühlen Wind stand er da und schon war der Albtraum, dass er mit seiner Arbeit niemals rechtzeitig fertigwerden würde, wieder da. Beinahe 10 Jahre lang bauten sie nun schon, und der Pharao verlangte täglich einen Bericht über den Baufortschritt. Wenn er es nicht schaffte, mit dem Bau der großen Pyramide vor dem Tod seines Pharaos fertig zu werden, drohte seinem Volk immerwährende Verdammnis. Das wäre die größte vorstellbare Katastrophe. Der Super-GAU des alten Ägyptens. Die allergrößte Aufgabe war es bislang gewesen, die Stadt der Bauarbeiter zu planen und aufzubauen. Das hatte mehr als 6 Jahre gedauert, und die Stadt wuchs täglich weiter. Tausende von Menschen wohnten hier. Bauarbeiter und deren Familien, Handwerker, Bäcker, Köche, Wasserträger, Ärzte, die sich um Verletzungen am Bau kümmerten, Priester, Lehrer und alles, was so eine mittlere Stadt damals an Humankapital benötigte. Manche Arbeiter würden ihr ganzes Leben dort verbringen, Kinder großziehen, im Dienste des großen Zieles sterben und vorher ihre Erfahrungen an die nächste Generation weitergeben. Die durchschnittliche Lebenserwartung lag bei 40 Jahren. Er blickte hinüber zu den unzähligen Lehmhütten auf dem Plateau von Gizeh. Teilweise brannten einige wärmende Feuer in der Bauarbeiter-Stadt. Dann hob er sein Haupt wiederum nach oben in die kühle und sternenklare Nacht und hinauf in den Himmel zum Sternbild des Orion. Das war der Ort, zu dem der Pharao aufsteigen musste. Empor zu den Göttern, um dort selbst einer von ihnen zu sein und das Land weiter zu behüten. Die ägyptischen Pyramiden standen nicht planlos in der Wüste, sondern bildeten die gigantische Himmelskarte mit dem Sternbild Orion im Zentrum ab. Die Schächte, welche noch gebaut werden mussten, sollten exakt an diesen Sternbildern ausgerichtet sein, um der Seele des Pharao den Aufstieg zu ermöglichen.

Hemiunu seufzte und dachte darüber nach, wie er die Bauarbeiten beschleunigen konnte. Er musste eine Lösung finden, er musste Erfolge nachweisen, er musste Ergebnisse erzielen, und zwar schnell. Er wusste nicht, wie lange der Pharao noch leben würde, aber in zehn Jahren würden 20 Jahre Bauzeit verstrichen sein und der Pharao hätte dann schon sein 50. Lebensjahr überschritten. So ein Mist. Die Zeit drängte und raubte ihm jede Nacht den Schlaf. Brauchte er vielleicht mehr Männer? Er hatte bereits das Plateau von Gizeh als Standort gewählt, weil dieses aus massivem Kalksandstein bestand und somit einen idealen Steinbruch bildete, der nur einige hundert Meter von der Baustelle entfernt lag. Mehr als 2.000 Steinmetze konnten dort, auf den relativ kleinen Flächen, nicht arbeiten. Stein war in der Wüste damals Mangelware. Somit war die Produktion von Steinen der Engpassfaktor in der Kalkulation. Vom EKS-Management und der engpasskonzentrierten Strategie hatte er zwar noch nie gehört, aber er praktizierte diese bereits in Reinform. Mit einer größeren Zahl an Steinmetzen war ihm somit nicht geholfen. Es konnte auch nur eine bestimmte Menge an Steinen, nämlich die tägliche Produktionsstückzahl, zur Baustelle geschafft werden. Dazu waren pro Steinquader 20 Mann notwendig. Mehr Männer konnten auch nicht mehr bewegen, nachts konnte nicht gearbeitet werden und mehr als 2 Schichten im Steinbruch und auf dem Transportweg waren auch nicht möglich. Männer auf der Baustelle selbst waren ebenfalls genug vorhanden. Denn je höher die Pyramide wuchs, desto weniger Männer konnten die Steinblöcke in Position bringen, um sich gegenseitig nicht ins Gehege zu kommen. Der reine Bautrupp, welcher die Steine aufschlichtete, würde mit der Zeit also immer kleiner werden. Wer nicht gebraucht wurde, den setzte Hemiunu an den Rampen ein, welche immer höher wurden und die Pyramide mit fortschreitender Bauzeit von außen in einem Zickzack-Muster wie eine Hülle umschlossen.

Alles war wichtig, alles war dringlich. Ja beim Osiris, welche Prioritäten sollte er sich denn nun setzen? Dazu kamen die täglichen Katastrophenmeldungen aus dem Logistik-Bereich: „Meister, wir brauchen mehr Schiffe auf dem Nil für den Transport von Granitblöcken für die Grabkammern aus dem Norden Ägyptens!" „Meister, die Versorgungslage mit Getreide für die Bauarbeiter wird langsam kritisch. Wir brauchen mehr Nahrungsmittel." „Meister, das Trinkwasser wird knapp." „Meister, uns fehlt es an Holz für die Back- und Brennöfen." „Meister, unser Schreiber hat Probleme mit der Buchhaltung der Baulöhne." Das war zwar alles dringlich, aber nicht wichtig. Wichtig war die Fertigstellung des Grabmals und sonst nichts! Meister hier, Meister da, Meister überall. „Ich hab's jetzt bald satt mit dem ewigen Fatalismus!", dachte sich Hemiunu. „Die sollen Ihre Probleme gefälligst selber lösen, bei Amun!" Verzweifelt setzte sich der Hohepriester und Hochbauingenieur auf die Steinplatten der Terrasse seines Hauses. Er hätte sich einen schöneren Ausblick gewünscht. Vielleicht ins grüne Nildelta, nicht aber auf die ewige Problembaustelle unter dem ewig bedrohlichen Himmel der Götter.

In der Dunkelheit und gefangen im Dunkel seiner immerwährend um sich selbst kreisenden Gedanken sah er einen breiten Spalt zwischen zwei Steinplatten vor seinen im Schneidersitz angewinkelten Beinen. Gedankenverloren nahm er eine Hand voll Wüstensand neben sich auf und ließ diesen in den Spalt rieseln, so dass sich der tiefe Riss vor ihm langsam schloss, bis das Loch vollständig mit Sand gefüllt war. Das Loch war nicht mehr da und die Fläche zwischen den Platten war glatt und eben. Er sprang auf, blickte auf die Baustelle und seine Baupläne auf Papyrus, die im Fackelschein seines Arbeitsraumes wie von Geisterhand bewegt hin und her zu rutschen schienen, als ob sie ein Eigenleben entwickelten. Er hastete in das Schlafgemach und schüttelte seine Gemahlin und Vertraute aus dem Schlaf. „Nefertiti, Nefertiti, wach auf!" „Was ist denn los? Hast du schon wieder diese bösen Träume?", fragte sie schlaftrunken. Die Kinder nebenan wachten ebenfalls auf und schrien ob der nächtlichen Lautstärke lauthals. Doch dem Meister war das egal. Er hörte es nicht einmal. „Komm, meine Gemahlin. Ich muss unbedingt etwas mit Dir besprechen und zwar jetzt gleich. Unser aller Leben könnte davon abhängen!" Nefertiti war plötzlich neugierig geworden und hellwach: „Was ist denn los?" „Das Loch auf der Terrasse ist zu", murmelte er. „Ich verstehe nicht. Was meinst Du?" „Ach ich kam gerade auf so einen seltsamen Gedanken." Nefertiti war als die Gefährtin des Baumeisters in alle Pläne eingeweiht und musste genauso viel wissen wie ihr Mann. Wenn ihm etwas passiert wäre, hätte sie die Baustellen weiter führen müssen. So war das Brauch und Sitte. „Nefertiti, was will der Pharao wirklich haben? Was meinst Du?" „Er will das größte Monument aller Zeiten, ein nach außen weithin sichtbares Zeichen seiner Macht", sinnierte sie. Nach außen. Ja, das waren das Schlagwort und die Bestätigung für Hemiunu, dass er richtig lag. Er erklärte seiner Frau, was ihm in den Sinn gekommen war. „Wenn äußerlich alles passt, dann spielt die innere Struktur der Pyramide doch nicht die entscheidende Rolle, oder?" Nefertiti stimmte ihm zu und gemeinsam sahen sie sich die Baupläne an. Richtig, es sollte ein Monument für die Ewigkeit werden. Da waren sie sich einig. Ursprünglich hatte Hemiunu dem Pharao vorgeschlagen, die gesamte Pyramide massiv und vollständig aus Steinquadern zu errichten, und so rechneten der Baumeister und seine Vertraute die restliche Nacht nochmals die Statik nach. Die Kinder hatten mittlerweile auch endlich Ruhe gegeben und so konnten sich die beiden Architekten auf die Kalkulation von Massen, Zeiteinsparung, Rationalisierung und der Minimierung von Arbeitskraft konzentrieren und zwar auf den Grundlagen des Engpassfaktors Zeit und der Maßgabe ergebnisorientierten Planens und Handelns. Hemiunu erklärte seiner Frau seine Gedanken. „Wir bauen zwei Pyramiden in einer! Und zwar errichten wir eine massive innere Hülle und gleichzeitig eine massive äußere und lassen dazwischen einen gewissen Leerraum, den wir mit Füllmaterial zuschütten. Dann wird das Ganze sogar noch stabiler und wir sparen mindestens die Hälfte an Steinen ein. Das machen wir Schicht für Schicht, also bei jeder neuen Lage von inneren und äußeren massiven Blöcken!" „Genial Deine Überlegung, mein Liebster. Und als Füllmaterial nehmen wir gleich den Abraum und die Reste vom Aushub, dann ist alles außenherum auch gleich noch sauber." „So machen wir's!" Mit einem „give me five"-Handschlag besiegelten sie ihren neuen Plan. Ab jetzt hatte Hemiunu keine Alpträume mehr. Am kommenden Morgen berief er alle Verantwortlichen zu einem wegweisenden Change-Meeting ein, delegierte alle dringlichen Aufgaben und legte neue Verantwortungsbereiche fest. Dabei erklärte er seinen Leuten, warum das nötig sei und dass die Ergebnisorientierung Priorität 1 habe. So wurde das große Werk nach 20 Jahren Bauzeit gerade noch rechtzeitig vor dem Tod des Pharaos fertig und dieser war schwer beeindruckt und ergriffen vom Monument seines Lebens - und seines Sterbens. Er zeichnete Hemiunu vor dem ganzen Volk aus und der Baumeister erhielt sogar ein eigenes Grabmal, eine Mastaba, in der er später wie ein Pharao bestattet wurde, um Cheops noch in der Nachwelt dienen zu können. Von Hemiunu existiert eine lebensgroße Statue, von seinem Pharao wurde bisher allerdings nur eine knapp 20 Zentimeter hohe Statuette gefunden. So zeigt sich wahre Größe. Wo Nefertiti liegt, wissen wir leider nicht. Und was das Loch auf der Terrasse angeht, so hätte Hemiunu ohne Pfusch am Bau die Lösung seines Zeitdruckproblems wohl nie gefunden.

Als einziges der sieben Weltwunder der Antike steht die große Pyramide bis heute. Sie war 4.500 Jahre mit 147 Metern das höchste Bauwerk, welches Menschen je erschaffen hatten. Mehr als 2 Millionen Steinblöcke wurden verbaut, von denen jeder mehr als 2,5 Tonnen wog. Das große Werk besteht aus 3 Millionen Kubikmeter Stein. Das Empire-State-Building in New York würde von der Masse her 6-mal in die Cheops-Pyramide hineinpassen.

„Die Menschen fürchten die Zeit. Doch die Zeit fürchtet die Pyramiden."

(Ägyptisches Sprichwort)

***

Erfolgsorientierung ist eine Haltung

„Führung ist der Beruf des Resultate-Erzielens."
(Fredmund Malik, österreichischer Wirtschaftswissenschaftler)

Erfolg heißt, ein gestecktes Ziel zu erreichen. Wenn das zum wiederholten Mal nicht klappt, gilt es, die Zielsetzung zu überprüfen und auch ein- oder mehrmals in Frage zu stellen. Erfolg - im Englischen „success" - kommt von lateinisch „succedere", „aufeinander folgen". Es spielt dabei keine Rolle, ob es sich um wirtschaftliche Ziele, wie das Erreichen der Jahresplanzahlen in der Produktion, die Planung des monetären Betriebsergebnisses oder das Erreichen immaterieller Zielsetzungen handelt. Ich stelle Führungskräften im Seminar gerne folgende Frage: „Warum sind Madonna, AC/DC oder Bon Jovi erfolgreich?" Hier die häufigsten Antworten: Weil sie außergewöhnlich talentiert sind, weil sie gut aussehen, weil sie die richtigen Manager haben, weil sie besonderes Glück hatten. Doch sind das wirklich die Gründe? Aus ergebnisorientiertem Blickwinkel wohl kaum. Diese Künstler sind nur aus einem Grund erfolgreich: Weil sie kontinuierlich Ergebnisse produzieren und es dadurch schaffen, ganze Fußballstadien zu füllen. Mit ihren Verkaufszahlen erzielen sie Spitzenergebnisse. Ein bekannter Unternehmer hat zum Thema Ergebnisorientierung Folgendes gesagt:

„In meinem Beruf habe ich es mir angewöhnt, Menschen nur nach ihren Ergebnissen zu beurteilen. Ergebnisse sprechen eine viel deutlichere Sprache als schöne Worte."
(William Clement Stone, US-amerikanischer Unternehmer, 1902-2002)

Aus meinem Blickwinkel sind Führungskräfte und Mitarbeiter im deutschsprachigen Raum noch sehr stark aufgaben- bzw. aktivitätsorientiert. Teilnehmer in meinen Führungskräfte-

Seminaren äußern sich hierzu oftmals mit den Feststellungen: „Ich bin immer der Letzte, der das Büro verlässt." „Ich habe sechs Meetings am Tag." „Ich habe jeden Tag 120 E-Mails." „Ich mache jeden Tag zwei Überstunden." Wenn ich dann aber nachfrage, welche Ergebnisse dadurch erzielt wurden, wird es ruhig im Raum. Die Aufgaben- und Aktivitätsorientierung richtet sich in diesen Fällen offensichtlich immer am Input aus, jedoch nicht am angestrebten Output. Es wird meist das in den Vordergrund gestellt, was in einen Prozess hineingegeben wird. Dabei wird häufig das Ergebnis vernachlässigt, das am Ende dabei herauskommt. Die Führungskraft, die sich an Resultaten ausrichtet, überlegt sich konkret, welches Ergebnis erzielt werden soll und welche Ressourcen dazu benötigt werden. Dabei stellt sie die Prioritäten in den Mittelpunkt und lässt alles Unwichtige außen vor. Verabschieden Sie sich von der Aktivitätsorientierung komplett. Entscheiden Sie sich bewusst ausschließlich für die Ergebnisorientierung.

Die Mehrzahl der Menschen ist nach wie vor aktivitätsorientiert und nicht wirkungsorientiert. Wer dauernd aktiv ist, wird zwar müde und hat das Gefühl, etwas zu leisten, doch Anstrengungen allein sind noch kein Erfolgsfaktor. Nur Ergebnisse lassen sich verkaufen! Wer also ergebnisorientiert lebt, macht sich messbar, weil die zu erreichenden Resultate qualitativ und quantitativ vordefiniert sind. Zu einem bestimmten Zeitpunkt wird nur noch überprüft, ob die Realität dem entspricht, was man sich vorgenommen hat. Wer wirkungsorientiert ist, sagt: „Ich arbeite nicht, ich produziere Ergebnisse!" Nun die provokative Frage an Sie: Sind Sie nur beschäftigt oder tatsächlich schon produktiv?

Prüfen Sie Ihre eigene Produktivität bei der nächsten Einladung zu einem Meeting, in dem Sie in Frage stellen, ob der Termin und die Räumlichkeit wichtiger sind als das Thema. Hinterfragen Sie das geplante Ziel und das angestrebte Ergebnis der Besprechung. Im Unternehmensalltag konzentrieren wir uns häufig auf das, was wir gerade tun und vergessen dabei die Frage „Welches Ziel wollen wir erreichen?" Hemiunu hat sich beim Bau der Pyramide auch nicht darauf konzentriert, wie die Steine aufeinander gelegt werden, sondern darauf, dass die Pyramide rechtzeitig fertig wird und wie sie am Ende aussehen soll. Daher ist die Auseinandersetzung mit der Zielerreichung das zentrale Element konsequent ergebnisorientierten Managements. Wir halten ständig nach kürzeren und besseren Wegen zum Ziel Ausschau, wenn wir das Ziel klar im Blick behalten.

Das Selbstverständnis der konsequenten Kommunikation

Warum ist zielgerichtete Kommunikation ein wesentlicher Erfolgsfaktor für ergebnisorientiertes Handeln? Wenn etwas umgesetzt werden soll, gibt es nur zwei Möglichkeiten. Entweder Sie erledigen es selbst oder es muss von anderen getan werden. Die Konsequenz fängt bereits damit an, Selbstdisziplin in Ihrer Kommunikation zu wahren. Halten Sie Ihre Termine und Zusagen ein, egal wem gegenüber. Wenn Sie Ihrem Mitarbeiter eine E-Mail bis Donnerstag versprechen, muss er diese auch an diesem Tag erhalten. Nehmen Sie jede Ihrer Terminzusagen so ernst wie ein Ehrenwort.

„Im Grunde bin ich Ihrer Meinung, dass wir das Projekt nun anschieben müssen. Nur sollten wir zunächst einmal prüfen, ob wir die notwendigen Ressourcen dafür haben." Was denn nun? Bin ich nun der Meinung, dass wir das Projekt anschieben sollen, oder bin ich es nicht? Will ich damit sagen, dass wir nur noch prüfen müssen, ob wir die Ressourcen haben und anschließend das Projekt anstoßen? Oder möchte ich damit sagen, dass wir dafür keine Ressourcen haben und deshalb das Projekt nicht anschieben werden? Und was will der Meeting-Teilnehmer sagen, der nach längerer Diskussion aufsteht und tönt: „Jetzt mal ehrlich ..." Dass alles, was vorher gesagt wurde, gelogen war? „Jetzt mal ehrlich", „Im Grunde", „Ja, aber". Wenn wir diese Formulierungen aus unserem eigenen Wortschatz streichen, gewinnen wir nicht nur in unseren Aussagen Klarheit, sondern auch in unseren Überzeugungen. Und wenn wir uns unsere Meinung noch nicht gebildet haben, dann sollten wir auch das klipp und klar sagen. Wenn Sie also einmal wieder schwammigen Aussagen gegenüber stehen, scheuen Sie sich nicht, nachzufragen: „Was heißt das jetzt konkret?"

Halten Sie schriftliche Vereinbarungen fest

So trivial es klingen mag, wenn Sie Vereinbarungen treffen, Termine vergeben oder Maßnahmen festlegen, schreiben Sie diese auf, um Missverständnisse zu vermeiden und sich abzusichern. Form und Umfang bestimmen Sie selbst.

Definieren Sie Ziele und Maßnahmen nachprüfbar und eindeutig

Qualitative Zielsetzungen allein reichen nicht aus. Formulierungen wie: „Wir müssen unsere Kommunikation zum Kunden verbessern", oder: „Wir müssen unsere Angebotsquote erhöhen", müssen eindeutig quantifiziert werden. Achten Sie darauf, verbindlich zu definieren, wer, was bis wann umzusetzen hat. Jede Besprechung sollte mit einem klaren Ergebnis und einem Maßnahmenplan enden.

Delegieren Sie ergebnisorientiert

Delegationsfähigkeit setzt Vertrauen in Ihre Mitarbeiter voraus und ist erst einmal nichts anderes als ein Vertrag über die zuverlässige Erledigung einer Aufgabe. Delegation ist demnach die Fähigkeit, Aufgaben so zu übermitteln, dass Sie selbst und Ihre Mitarbeiter mit dem Ergebnis (=das, was herauskommt) zufrieden sind. Voraussetzung ist, dass Sie sich auf die Erledigung der Aufgabe hundertprozentig verlassen können, ansonsten sind Sie sprichwörtlich verlassen. Wenn Sie das Gefühl haben, jeder delegierten Aufgabe nachlaufen zu müssen, kommen Sie schnell unter die Räder. Mir selbst hat in der Praxis folgendes Prinzip sehr gut geholfen: Ich gehe grundsätzlich davon aus, dass vereinbarte Aktivitäten erledigt wurden, wenn keine anderweitige, vorherige und rechtzeitige Information erfolgt ist. Sofern Sie sich mit dieser Einstellung anfreunden können, dann teilen Sie dies unbedingt Ihren Mitarbeitern mit und erklären Sie, was Sie vorhaben und warum Sie so führen, wie es jetzt angebracht erscheint. Sie werden sehen, wie schnell die meisten Mitarbeiter die Eigenverantwortung für die Erledigung der Aufgabe übernehmen. Ich habe dieses Prinzip in meinem eigenen Unternehmen übrigens als eine von mehreren Spielregeln der gemeinsamen Zusammenarbeit definiert und händige diese als Anlage zum Arbeitsvertrag allen meinen Mitarbeiter stets aus. Damit habe ich sehr gute Erfahrungen gemacht und bin dabei selten enttäuscht worden.

Sprechen Sie über Lösungen und nicht mehr über Probleme

Bringen Sie Ihre Mitarbeiter zum Nachdenken und werden Sie ihr Coach für Lösungsorientierung. Geben Sie Lösungen nicht direkt und von sich aus vor. Wenn ein Mitarbeiter sein Problem schildert, fragen Sie: „Welche Lösungen sehen Sie? Welche Lösung ist die beste? Was würden Sie tun, wenn ich nicht da wäre?" Und wenn die Situation nicht zu ändern ist, dann fragen Sie: „Wie können wir das Beste aus der Situation machen?" Aus der Praxis heraus versichere ich Ihnen, es ist ein tolles Gefühl, Mitarbeiter bei dieser Entwicklung vom Problem- zum Lösungsdenker zu begleiten. Unsere Spielregel im Unternehmen lautet: „Alle Führungskräfte haben grundsätzlich ein offenes Ohr für die Probleme der Mitarbeiter. Es wird allerdings erwartet, dass sich die Mitarbeiter im Vorfeld des Gesprächs 1-2 Gedanken gemacht haben, wie dieses Problem gelöst werden könnte." Es funktioniert.

Effektives Führen durch Fokussierung

„Sie können mit einem Hintern nicht gleichzeitig auf zwei Pferden sitzen."

(Woody Allen, US-amerikanischer Komiker, Filmregisseur, Autor, Schauspieler und Musiker)

Ein zentrales Erfolgsprinzip für Sie als Führungskraft ist Ihre Fähigkeit, die richtigen Prioritäten zu setzen. Eine wesentliche Voraussetzung für Ihren Erfolg und Ihre Leistungsfähigkeit als Führungskraft ist, differenzieren zu können, was wichtig und weniger wichtig ist. Denn schon allein das Gefühl, zu wenig Zeit zu haben und von anstehenden Aufgaben erdrückt zu werden, beeinträchtigt Ihre Effektivität.

Für mich beeindruckend war immer wieder der Schreibtisch eines erfolgreichen Vorstandsvorsitzenden aus der Automobilbranche, den ich zu einem Executive Coaching traf. Sein Schreibtisch war annähernd leer. Das war verblüffend. Es lagen lediglich zwei oder drei zu bearbeitende Vorgänge auf dem Tisch, das war alles. Den Überblick behielt er durch sein iPad, sein Mobiltelefon und die hinter ihm an der Wand angebrachten, schwenkbaren Informationstafeln, die ihm alle aktuellen und relevanten Erfolgszahlen und den jeweiligen Projektstatus vermittelten. Ich fühlte mich wie in einer Kommandozentrale, in der alle relevanten Informationen zusammenlaufen und die richtigen Prioritäten gesetzt werden. Setzen Sie sich ebenfalls Prioritäten und arbeiten Sie die Aufgaben sukzessive ab. Konzentrieren Sie sich möglichst auf nichts anderes.

„Effektive Führungskräfte tun wichtige Dinge zuerst und zweitwichtige überhaupt nicht."

(Peter Ferdinand Drucker , US-amerikanischer Ökonom, 1909-2005)

Wenn Sie als Führungskraft dazu neigen, alle Entscheidungen selbst zu treffen, dann wird Ihr Tag kein Ende finden. Ihre Aufgabenliste wächst schneller, als Sie diese abarbeiten können. Die größte Gefahr in einer solchen Situation für Sie ist, dass Sie wichtige, jedoch nicht dringliche Aufgaben im Fokus behalten. Dies sind Entscheidungen mit hoher Tragweite und diese zählen ebenfalls zu Ihren zentralen Aufgaben der Mitarbeiterführung. Insbesondere in den Situationen, in denen „die Hütte brennt" heißt es für Sie, Ruhe zu bewahren und mit möglichst klarem Kopf Ihre Prioritäten zu setzen. Auf diese Weise stellen Sie sicher, dass die wichtigsten Aufgaben tatsächlich auch erledigt werden. Das Wesentliche dabei ist, dass Sie sich auf Weniges beschränken. Wenn Sie an Wirkung und Erfolg interessiert sind, dann beschränken Sie sich auf eine kleine Anzahl von sorgfältig ausgesuchten Schwerpunkten. Dieser Grundsatz ist gerade in komplexen, vernetzten und interaktiven Situationen entscheidend. Der Empfehlung zur Konzentration wird in unserer heutigen Arbeitswelt häufig mit wissendem Nicken, aber mit der unwissenden Frage nach dem „Wie?" begegnet. Noch dazu ist die Prioritätensetzung gerade dann schwierig, wenn jeder Ihrer Mitarbeiter Ihre Aufmerksamkeit verlangt. Angesichts der Vielzahl an Aufgaben schaffen viele Führungskräfte es nicht mehr, Schwerpunkte zu setzen. Wenn Sie nur noch reagieren müssen, dann führen Sie nicht mehr, sondern werden geführt. Manch einer Führungskraft fällt nicht auf, dass sie alle zehn Minuten seine Mitarbeiter wegen einer anderen Sache kontaktiert, in sein Büro bittet und sie bei ihrer Arbeit unterbricht. Der Eindruck, den man dabei gewinnt, ist der, dass zwar hart gearbeitet, jedoch nur wenig erreicht wird. Nicht die Dynamik der Führungskraft ist hier das Problem, sondern das Erkennen der unzureichenden Fähigkeit der Fokussierung und Konzentration auf das Wesentliche. Beim Herausarbeiten Ihrer Top-Prioritäten benötigen Sie Ruhe und den Überblick. Halten Sie sich an die Maxime „Reduktion statt Frustration". Dies wird Ihnen nur schwer möglich sein, wenn Sie ein Meeting nach dem anderen einberufen, zwischendurch Telefonanrufe beantworten und E-Mails bearbeiten. Dieser Stress baut für Sie allenfalls Leidensdruck auf und macht Ihnen deutlich, dass Sie handeln müssen. Es sollte Ihnen jedoch gelingen, aus der Fülle Ihrer Aufgaben und Themen die wirklich wichtigen heraus zu destillieren. Die nötige Ruhe finden Sie, je nach Ihren persönlichen Arbeitsgewohnheiten, als Frühaufsteher eher am Morgen und als Spätbeginner wahrscheinlich am Mittag oder Abend. Beachten Sie, dass Sie bei Ihrer Priorisierung auch darüber eine Entscheidung treffen, was Sie mit den Aufgaben machen, die Sie selbst nicht annehmen wollen bzw. können. Sie müssen hier entscheiden, ob Sie die Aufgabe terminieren, an einen geeigneten Mitarbeiter delegieren oder gar nicht erledigen.

„Konzentration ist der Schlüssel zum Ergebnis."

(Fredmund Malik, österreichischer Wirtschaftswissenschaftler)

Das Wesentliche identifizieren

Was vielen Leadern das Setzen von Prioritäten erschwert, ist die Herausforderung eines sowohl intellektuellen als auch emotionalen Kraftaktes. Es liegt an Ihnen, zu entscheiden, was Sie zuerst tun. Jene Dinge, die für das Erreichen der Ziele entscheidend wären oder die, deren Nichterledigung nur einen relativ geringen „Schaden" verursachen würde.

Wie erkennen Sie nun die Aufgaben, die für Sie erstrangig sind und deren Erledigung Ihnen momentan den höchsten Profit erbringen?

- Höchste Priorität hat das Funktionieren Ihres Verantwortungsbereiches. Wenn davon auszugehen ist, dass diese in irgendeiner Weise gefährdet sind, dann setzen Sie hier zuerst an. Zu den Kernfunktionen zählen alle Aktivitäten, die überlebensnotwendig für das weitere Bestehen des Unternehmens sind, wie zum Beispiel finanzielle Aspekte. Danach schließen sich weitere betriebliche Prozesse zur Leistungserfüllung an.
- An nächster Stelle in der Reihenfolge steht dann die Bewältigung aller mittelbarer Bedrohungen Ihrer Kernfunktionen. Das sind meist persönliche oder prozessbezogene Schwierigkeiten.
- An dritter Stelle sollte Ihr Fokus darauf liegen, wie Sie für die Zukunftsfähigkeit Ihres Verantwortungsbereiches sorgen können.
- Es folgen Fragen, die mit dem Thema Optimierung und dem organisatorischen Know-how zusammenhängen.
- An letzter Stelle kommen Einzelfragen, die zu klären sind.

Die Frage nach der wichtigsten Priorität der wertvollsten Aufgabe, können Sie sich auch mit folgender fiktiven Frage beantworten, die mir selbst ganz gut im Alltag hilft. Stellen Sie sich vor, dass Sie einen Monat auf Geschäftsreise gehen müssen und nur noch Zeit für eine einzige Aufgabe auf Ihrer To-do-Liste haben. Welchen Punkt würden Sie erledigen? Dies hat dann die höchste Priorität. Wenn Sie für zwei Aufgaben Zeit hätten, welche wären es? So legen Sie schnell und einfach Ihre Top-Prioritäten fest. Machen Sie es sich zur Gewohnheit, sich immer wieder zu fragen, was Ihre wichtigste Aufgabe ist und arbeiten Sie täglich konsequent daran. Wenn Sie auf diese Weise diszipliniert vorgehen und dafür sorgen, dass Ihre Mitarbeiter ebenfalls entsprechend arbeiten, dann wenden Sie das Erfolgsprinzip der Fokussierung und der Konzentration wirksam an.

Checkmark…

… zur Prioritätensetzung und Konzentration

- ☐ Sind Sie sich absolut sicher, dass Sie immer nur an den wichtigsten Aufgaben arbeiten, die ausschließlich von Ihnen erledigt werden können?
- ☐ Wissen Sie genau, was Ihre wichtigsten Aufgaben sind, die Sie heute zu erledigen haben?
- ☐ Geben Sie Ihren Mitarbeitern klare Prioritäten vor, so dass diese an den wichtigsten Aufgaben arbeiten?
- ☐ Konzentrieren Sie sich auf eine kleine Anzahl sorgfältig ausgesuchter Schwerpunkte?
- ☐ Sind Sie sich der bedeutsamsten Funktionen in Ihrem Bereich bzw. in Ihrem Unternehmen bewusst?
- ☐ Arbeiten Sie mit der nötigen Ruhe an Ihren wirklich wichtigen Aufgaben?
- ☐ Fragen Sie sich immer wieder, was momentan Ihre wichtigste Aufgabe ist?

Kompetenz durch Konsequenz

Richtige Führung gründet sich auf Vertrauen, Kooperation und Partizipation. Führungskräfte, die ihr Handeln jedoch ausschließlich auf diesen Grundlagen ausrichten und vollständig auf eine autoritäre Haltung verzichten, begehen einen entscheidenden Fehler. Mitarbeiter nutzen diese vermeintliche Verbrüderung bisweilen für ihre eigenen Zwecke. Hier ist ein wichtiges Gegengewicht und Regulativ der Führung erforderlich, um eine stabile Handlungsbasis zu schaffen. Wenn Sie bisher beim Lesen dieses Buches das Gefühl hatten, Führung sei ein Schmusekurs, dann möchte ich nun diesen Irrglauben auflösen und aufzeigen, wie Sie aus diesem Schonprogramm herauskommen.

Als Coach und Berater begegne ich häufig einer besonderen Art von Führungskräften. Diese verstehen sich mit ihren Mitarbeitern sehr gut und im Team herrscht eine positive Atmosphäre. Diese Führungskräfte erwecken den Eindruck, besonders mitarbeiterorientiert zu agieren. Sobald sich allerdings negative, abteilungsbezogene Betriebsergebnisse einstellen, tritt der Schockeffekt ein. Der Grund für die Abweichungen ist für diese Führungskräfte zunächst nicht ersichtlich. Wie konnte diese Situation trotz aller Freiheiten und Zugeständnisse entstehen? Sie haben offensichtlich geglaubt, sich wie moderne, kooperativ eingestellte Führungskräfte zu verhalten. Allerdings wurde hier das Wesentliche versäumt. Sie haben nicht geführt! Und zwar in vielen Fällen leider nicht etwa, weil sie das Beste für ihre Mitarbeiter gewollt hätten, sondern weil sie aus mehr oder weniger egoistischen Gründen das Beste für sich selbst wollten, nämlich möglichst wenig Aufwand, Anstrengung und Ärger. Dahinter steckt vermutlich ein tiefer verankertes Bedürfnis nach Harmonie und Frieden in der eigenen Abteilung. Die innere Maxime dieser Führungskräfte ist geprägt von dem Glauben, dass es ausreicht, ein friedvolles Miteinander zu gewährleisten, um das erforderliche Leistungsniveau herzustellen.

Sie suchen in ihrem Harmoniebedürfnis beinahe einen familiären Ersatz. So werden Mitarbeiter zu Freunden oder Kameraden und ein joviales Verhältnis wird häufig auch außerhalb des Unternehmens praktiziert. Wenn es zu betriebswirtschaftlichen Problemen kommt, sehen sich diese Führungskräfte schlagartig einem hohen Druck von oben ausgesetzt, welcher in der Konsequenz in ein völlig verändertes Verhalten gegenüber den Mitarbeitern umschlägt, wodurch diese Führungskräfte ihre Glaubwürdigkeit gegenüber den Mitarbeitern verlieren. Aus purem Selbstschutz wird die Harmonie von heute auf morgen durch autokratisches Verhalten ersetzt. Leider ist ein derart inkonsequentes Verhalten im betrieblichen Alltag eher die Regel als die Ausnahme, oder wie es ein fränkischer Unternehmer im Vorfeld eines Führungskräfteprogramms mir schilderte: „Herr Gold, wir haben hier eine Kultur der Folgenlosigkeit." Diese Führungskräfte im Kuschelmodus haben ihre eigentliche Aufgabe völlig aus dem Blick verloren, nämlich dafür zu sorgen, dass ihr Bereich seine Aufgabe im Unternehmen erfüllt, die erwarteten Ergebnisse geliefert werden und die Ergebnisorientierung wieder im Mittelpunkt des Denkens und Handelns steht.

Konsequent führen bedeutet, sich als Führungskraft selbst hinsichtlich der eigenen Stärken und Schwächen unter die Lupe zu nehmen und seine eigenen Ziele und seine Rolle genau zu definieren. Nur wer weiß, wo seine Grenzen, Kompetenzen und eigentlichen Zuständigkeiten liegen, wer seine Ziele klar vor Augen hat, kann auch für seine Mitarbeiter ein guter Kapitän sein. Das setzt voraus, dass er sich darüber bewusst ist, dass es sein Job ist, Strategie und Richtung vorzugeben, nicht aber für seine Mitarbeiter fachliche Aufgaben zu erledigen. Viele Führungskräfte verstricken sich in solchen Aufgaben, weil sie meinen, ihren Mitarbeitern damit zu helfen. Im ersten Moment mögen sie dafür tatsächlich Dank ernten. Langfristig gesehen tun sie damit aber weder sich noch den Mitarbeitern einen Gefallen. Diese nämlich brauchen keine Führungskraft, die das macht, was sie selbst machen sollen. Sie benötigen vielmehr ein Vorbild, das ihnen Orientierung gibt und anzeigt, wo es langgeht. Für viele Führungskräfte ist das ein harter Lernprozess, denn die Rolle des Kapitäns einzunehmen und sich auf seine Kernaufgaben als Führungskraft zu konzentrieren, bedeutet auch, Forderungen zu stellen und Widerstände zu überwinden. Führungskräfte sollten sich diese unangenehme, gerne verdrängte Wahrheit bewusst machen, und zwar über ihre Mitarbeiter, über sich selbst und über ihre Beziehung zueinander. Dazu ist im ersten Schritt eine Veränderung der eigenen Einstellung notwendig. Erst wenn die Führungskraft in sich Halt und Orientierung gefunden hat, ist sie stark.

Fehltritte dürfen nicht ignoriert werden

Wenn ein Mitarbeiter die ihm übertragene Aufgabe nicht fristgerecht erledigt, wird er zwar daran erinnert, findet jedoch viele Gründe, warum er bisher noch nicht fertig geworden ist. Es kamen neue Aufgaben hinzu, der Kollege ist im Urlaub, ein Kunde reklamierte und musste beruhigt werden. Ausreden, die nicht akzeptabel sind. Denn ein Mitarbeiter muss seine Arbeit so organisieren, dass er auch noch Zeit für Unvorhergesehenes hat. Doch was macht die Führungskraft, die betont gütig auftreten will? Sie zeigt auch noch Verständnis und macht schlimmstenfalls die Arbeit selbst. Dieser Vorgang wiederholt sich in der Folgezeit und wird zur Routine. Einen Mitarbeiter bereits nach dem ersten kleinen Fehltritt schon zur Rede zu stellen, empfinden viele Führungskräfte als eine unangemessen harte Reaktion. Sie fühlen sich schlecht. Sie wollen nicht autoritär sein. Im Laufe der Zeit nehmen die Zweifel an der eigenen Verhaltensweise jedoch zu. Nach vielen Wiederholungsfällen hat sich dann eine Wut aufgebaut, die sich schlagartig entlädt, wenn das Fass überläuft. Es fallen dann Äußerungen wie: „Hören Sie mal, jetzt reicht's mir! Ihr Fehltritt-Konto ist voll." Schieben Sie auch kleine Fehltritte daher nicht auf die lange Bank, sondern reagieren Sie sofort und konsequent. Möglicherweise wird das eine etwas unangenehme Unterredung, aber sie entlastet die Führungskraft und wiegt den Mitarbeiter nicht in der falschen Annahme, sein Verhalten wäre in Ordnung. Spricht die Führungskraft ein Problem umgehend an, lässt es sich auf der Sachebene behandeln. Und wer seinen Mitarbeitern frühzeitig Rückmeldung über deren Leistung gibt, handelt gerecht und fair. Schließlich gibt er ihnen nur so die Chance, sich verbessern zu können.

Pflichterinnerung ist Chefsache

Sie sollten Betroffene bereits bei den ersten Anzeichen von Leistungsabfall darauf ansprechen und die entsprechenden Mitarbeiter regelmäßig an deren vertragliche Verpflichtungen erinnern. Das würden Mitarbeiter gegenüber dem Arbeitgeber ja auch tun, würde dieser nur eine Teilauszahlung des Gehaltes vornehmen oder verspätet zahlen. Leistungsbezogene Gespräche werden seitens der Mitarbeiter nicht etwa als Kritik, sondern als Unterstützung erlebt. Sie sind sogar eine Form, die eigenen Mitarbeiter wertzuschätzen. Gerade bei High Potentials, die nicht die Leistung erbringen, für die sie hoch bezahlt werden, muss eine Führungskraft zügig einschreiten. Dieses Phänomen kommt bei mit Doktor- oder MBA-Titeln dekorierten Mitarbeitern nicht selten vor. Doch „Titel schützt vor Leistung nicht". Deshalb liegt es an der Führungskraft, bei High Potentials besonders kritisch hinzusehen und sich nicht von Titeln, Abschlüssen und „Leistungsorden" blenden zu lassen, welche die Führungskraft selbst möglicherweise nicht besitzt. Erinnern Sie Ihre Mitarbeiter - egal welche Qualifikationen diese auch besitzen mögen - bei Leistungstiefs daher stets an deren Pflichterfüllung.

Verantwortung einfordern

Führungskräfte dürfen ihren Mitarbeitern auf keinen Fall die Verantwortung abnehmen und sollten sich bei Problemen - z.B. bei Auseinandersetzungen mit Kunden - auch nicht schützend vor diese stellen. Diese Inszenierung als „Held" signalisiert dem Mitarbeiter nicht etwa Schutz, sondern vielmehr die unbewusste Botschaft: „Ich traue Dir nicht zu, diese Auseinandersetzung selbst zu führen. Du hast dazu weder Mut noch Kompetenz." Wirksame Führungskräfte fordern deshalb Verantwortung ein. Manche Menschen konnten nie lernen, was es heißt, die Verantwortung für sich und das eigene Handeln zu übernehmen. Es geht um ein wichtiges Prinzip: „Handle verantwortungsvoll und stehe zu den Folgen und Konsequenzen Deines Handelns. Fehler sind erlaubt, Du musst sie jedoch selbst ausbügeln. Im Notfall werde ich Dich dabei begleiten." Die Führungskraft stellt sich dabei nicht vor, sondern hinter ihren Mitarbeiter. Er stärkt ihm den Rücken. Gleichzeitig signalisiert er aber auch: „Meine Unterstützung besteht darin, Dich wiederholt zu erinnern, und zwar so lange, bis Du verantwortungsbewusst handelst." Auf der anderen Seite gibt es Mitarbeiter, die einfach keine Verantwortung übernehmen wollen oder können. Diese Mitarbeiter sind eng zu führen, mit Routinetätigkeiten zu betrauen und immer wieder einmal zu kontrollieren. Nach meiner Erfahrung ist das in der Regel für sie selbst kein Problem. Eine weitere, oft unter den Teppich gekehrte Wahrheit ist, dass nun einmal nicht alle Mitarbeiter gleich sind. Und deshalb sind auch nicht alle gleich zu führen.

Vertrauen ist gut, manchmal ist Kontrolle besser

Vertrauen ist wichtig, blindes Vertrauen dagegen ist gefährlich. Viele Führungskräfte glauben heutzutage, sie müssten ihren Mitarbeitern einen gleichmäßigen Vertrauensvorschuss schenken. Das ist deshalb falsch, weil es verschiedene Arten von Mitarbeitern gibt. Dass jeder einmal Fehler macht, ist menschlich. Es gibt diejenigen, die für ihre Fehler geradestehen, die verantwortungsbewusst handeln und an ihrer persönlichen Weiterentwicklung interessiert sind. Auf der anderen Seite gibt es diejenigen, die weniger Ambitionen haben und lediglich ihren Status Quo verteidigen wollen. Diese Mitarbeiter neigen dazu, ihre Fehler zu verstecken und anderen die Schuld zuzuweisen. Langfristig muss es das Ziel der zuständigen Führungskraft sein, ihre Beobachtungen hinsichtlich der jeweiligen Verantwortungsbereitschaft in eine sinnvolle Arbeitsverteilung umzusetzen. In jeder Abteilung gibt es Aufgabenbereiche, die ohne große Fehlerquellen abgearbeitet werden können und andere Bereiche, in denen verantwortungsbewusste Mitarbeiter gefragt sind.

Tausend Konzepte und Strategiepapiere sind nichts wert, wenn kein Erfolg nachgewiesen werden kann.

Führungskräfte werden am Ergebnis gemessen.

Checkmark

... zur konsequenten Führung

- ☐ Können Sie zwischen führungsbedürftigen und eigenverantwortlich handelnden Mitarbeitern differenzieren und sind diese in Ihrer Abteilung entsprechend eingesetzt?
- ☐ Haben Sie Ihre eigene Orientierung gefunden?
- ☐ Können Sie Ihren Mitarbeitern Unternehmenswerte vermitteln?
- ☐ Welche Konsequenzen ziehen Sie bei Fehlverhalten?
- ☐ Sprechen Sie Konflikte offen an und geben Sie Ihren Mitarbeitern entsprechendes Feedback?
- ☐ Werden Mitarbeiter entsprechend ihrer Qualifikation gefordert und gefördert?
- ☐ Stellen Sie sich hinter Ihre Mitarbeiter und geben Ihnen damit Rückhalt?
- ☐ Schaffen Sie den Spagat zwischen Harmonie und Ergebnisverantwortung?

Warum Feelgood-Management der Leistung und der Erfolgsorientierung schadet

In nahezu jedem Ratgeber ist aktuell zu lesen, dass Sie in einem Unternehmen am besten wie in einem Startup agieren und eine entsprechende Kultur leben sollten: „Fresh", „cool" und „gechillt". Als Markenzeichen propagieren solche Firmen gerne Mitarbeiter, die beim gemeinsamen Teamfrühstück den Tag besprechen, am Mittag in den Paintball-Park gehen und kurz vor Arbeitsende im Bällepark à la Ikea neue Ideen schmieden. Dieser Startup-Kult zielt vor allem auf die „Next Generation" Y&Z ab, denn ohne ein Buffet an Benefits und Feelgood Management kommt man ja anscheinend nicht mehr an neue Mitarbeiter heran. Dennoch habe ich das Gefühl, dass sich mehr und mehr kritische Stimmen in die Diskussion einmischen und die Meinung vertreten: „Feelgood Management kills the performance." Und ich glaube, es ist an der Zeit, diese kritischen Töne sehr ernst zu nehmen. Damit kein falscher Eindruck entsteht: Die Begriffe Wohlfühlen und Performance stehen erst einmal neutral nebeneinander. Problematisch an Goodies und Benefits ist deren kurzfristige Wirkung. Schnell wird das Außergewöhnliche zur Selbstverständlichkeit, was damit ganz schnell zur Unzufriedenheit führen kann, weil die Spirale immer nur noch in eine Richtung geht: „Noch höher, noch weiter, noch schneller". Doch wer nur wegen emotionalen Vergünstigungen bei einem Unternehmen arbeitet und sich sonst nicht mit diesem verbunden fühlt, hat ohnehin keine echte, sondern maximal eine erkaufte Bindung an den Arbeitgeber. Auch deshalb sind überbordende Feelgood-Programme keine Wundermittel zur Steigerung der Unternehmensleistung. Natürlich können Benefits hilfreich sein, nur muss das Wohlfühlen nicht immer mit Kickertischen einhergehen. Fragt man einen IT´ler, wie seine Zufriedenheit gesteigert werden könnte, ist die Wahrscheinlichkeit groß, dass eine Top IT-Ausstattung wahrscheinlich besser als der Kickertisch wegkommt. Und die

IT-Ausstattung dürfte der Leistung wohl auch eher zu Gute kommen.

In der Diskussion um Mitarbeiterperformance wird ein Aspekt meines Erachtens zu wenig angesprochen, nämlich die Sinnstiftung durch ein gemeinsames Ziel. Gibt es etwas Besseres, um die intrinsische Motivation oder die Bindung zu steigern als ein gemeinsames Unternehmensziel? Warum möchten so viele Fußballer zum FC Bayern? Warum hat Google so viele Bewerbungen - und das in Zeiten des Fachkräftemangels? Es ist der Wunsch, gemeinsam etwas Großes zu erreichen.

Was heißt das jetzt für Sie und Ihr Unternehmen? Wählen Sie angebotene Leistungen sinnvoll aus. Vielleicht lassen Sie sogar die Mitarbeiter befragen, welche Unterstützungen sie benötigen, um eine hohe Leistung zu erzielen. Ich bin mir ziemlich sicher, dass es sich zeigen wird, dass Kicker, Frühstück und Poolbillard deutlich weniger wichtig sind als z.B. technische Ausstattungen am Arbeitsplatz, Prozess-und Ablauferleichterungen sowie Entscheidungsbefugnisse. Ebenso wichtig erscheint mir, genau zu klären, was im Gegenzug von den Mitarbeitern verlangt wird. Unternehmen sind kein Schlaraffenland. Am Ende geht es immer um die Wirtschaftlichkeit. Das zeigt auch die Startup-Welt deutlich. Neun von zehn jungen Unternehmen scheitern, weil sie den Sprung zum langfristig und nachhaltig wirtschaftenden, gut strukturierten Unternehmen verpasst haben.

Aufgabe 5: Veränderungen fördern

Der versetzte Schreibtisch

Detroit, USA, im Winter 1905. Henry stand am Fenster seines geräumigen Chef-Büros und blickte hinunter auf die Straßen der Großstadt. Ein eisiger Wind wehte von den Great Lakes im Norden herüber und große Schneeflocken tanzten wie kleine Elfen vor seinem Fenster auf und ab. Er war von seinem massiven und wuchtigen Eichenholz-Schreibtisch aufgestanden, der so platziert war, dass durch die Fensterfront in seinem Rücken den Besucher beim Betreten des Büros das helle Licht von außen regelrecht blendete. Der Weg zu seinem Schreibtisch war lang und stand in dem sonst weitgehend leeren Raum, der mit teurem Mahagoni und anderen Edelhölzern aus dem britischen Empire vertäfelt war. Es gab nur einen Stuhl für nur einen Besucher, denn mehr an möglichen Nörglern ließ Henry nicht zu. Das war sein äußeres Zeichen der Macht und die meiste Zeit fühlte er sich auch wie ein König auf dem Thron. Den Weg zu ihm in den Thronsaal musste man sich erst mit vielen Schritten erkämpfen und so war es auch gewollt. Bevor jemand seinen Schreibtisch erreichte, ging der armen Seele schon halb die Puste aus. Um aus seiner breiten und hohen Fensterfront zu blicken, musste Henry erst einmal aus seinem Lederchefsessel aufstehen und der gegenüberliegenden Bürotür, die eher ein Tor als eine Tür war, den Rücken zudrehen. Das passte ihm psychologisch gar nicht ins Konzept, denn er wollte stets alles im Überblick behalten und konnte es nicht ausstehen, wenn sich ihm jemand unbemerkt von hinten näherte. Er wollte stets unangreifbar bleiben. Doch irgendein Gedanke bewog ihn dazu, an diesem Tage, kurz vor Weihnachten, das Treiben in den Gassen unter ihm genauso nachdenklich zu betrachten, wie das Schneetreiben, das ihm immer wieder den Blick nach unten nahm. Sogar durch die Scheiben waren der Geruch von Pferdemist und der Gestank der Fabrikschlote in der Umgebung deutlich wahrzunehmen. Der Nordwind blies die Abgase aufgrund der Inversionswetterlage nach unten in die Stadt und hüllte einige Blocks in einen dichten Nebel, der nach Schwefel und Kohle roch. Kreuz und quer fuhren die Pferdegespanne emsig durch die Stadt und die Kutschen und Droschken brachten ihre Besitzer an ihr Ziel am anderen Ende der Stadt, in die Vororte, in der die Reichen wohnten. Sogar die städtische Straßenbahn wurde von Pferden gezogen. Ab und zu vernahm er ein gedämpftes Hupen und das leise Geräusch eines Fahrzeugs, das sich ohne Pferde autonom fortbewegte. Weil es sich „autonom" bewegte, nannte man es „Automobil". Doch das waren mehr oder weniger nur Prototypen seines Wettbewerbers Leland, dem Inhaber der „Cadillac Motor Car Company". Die fortschreitende Industrialisierung war kaum mehr aufzuhalten und überall hämmerte es aus den Schmieden und Stahlwerken. Doch diese wohlvertrauten Geräusche klangen durch den Schneefall nur wie der ferne und monotone Rhythmus einer Tuba durch einen Wattebausch. An den Straßenecken lieferten sich Kinder eine energische Schneeballschlacht und lachten dabei. Sie kannten kein anderes Leben und nur wenige von ihnen würden Detroit wohl jemals verlassen können. „Diese Armut kotzt mich an", dachte sich Henry und seine Gedanken wogten zurück in seine eigene Jugend, damals in Irland. Seine Familie musste aus Not, Hunger und fehlenden Zukunftsperspektiven ihre Heimat verlassen. Er war das älteste von 6 Kindern und auch im allseits gelobten Land der offenbar unbegrenzten Möglichkeiten war die Situation der Familie nicht viel besser. Er wuchs in äußerst ärmlichen Verhältnissen auf. Seine ganze Leidenschaft bestand als Kind jedoch im Basteln und in der Faszination von Technik und Mechanik. Er konnte nur eine Dorfschule im Umland besuchen und hatte damit weniger als einen Hauptschulabschluss heute vorzuweisen. Doch er war ein geborener Tüftler und Erfinder. Seine unbeugsame Neugier und sein technisches Geschick trieben ihn an. Bereits mit 15 Jahren hatte er seinen eigenen Verbrennungsmotor entwickelt, wobei er sich am Vorbild des ersten Viertakt-Motors des deutschen Mechanikers Nicolas August Otto orientierte. Zur damaligen Zeit waren Autos für die meisten Menschen reine Spinnerei. Die Pioniere des Autobaus lieferten sich eher sportliche Wettbewerbe, um immer neue Geschwindigkeitsrekorde aufzustellen. Sie waren mehr erfindungsreiche Rennfahrer als Unternehmer. Henry war da nicht anders. Vor kurzem hatte er mit einer Geschwindigkeit von damals unglaublichen 147 km/h einen neuen Rekord aufgestellt und wurde damit weltbekannt. Doch was nutzten ihm Ruhm und Ehre, wenn er dies unternehmerisch nicht vermarkten konnte? Vor zwei Jahren hatte er mit 28.000 US-Dollar die „Ford Motor Company" gegründet. Damals baute man Automobile noch einzeln und per Hand, teilweise auch in Form einer Manufaktur und so konnten pro Jahr nur wenige Stückzahlen hergestellt werden. Henrys Atem ließ die Fensterscheibe beschlagen und er wischte mit dem Ellbogen in seinem Tweed-Sakko eine Linie nach rechts und mit der Hand anschließend eine weitere Fläche nach unten. Das sah beinahe aus wie ein großes „T".

Er sah nochmals hinunter auf die Pferdedroschken und hatte eine plötzliche und unvermittelte Eingebung, eine Vision der

Zukunft. Vor seinem inneren Auge fuhren da unten plötzlich keine Droschken mehr, sondern Ford-Automobile. Hunderte und Tausende. Beinahe in einem Schock ließ er sich in seinen Sessel zurückfallen und blickte sich um auf sein freigewischtes „T". Dieser kurze Moment der Erkenntnis war die Zündkerze des wohl radikalsten Veränderungsprozesses in der Welt des Fahrzeugbaus.

Henry rief einige seiner Leute, die erst einmal seinen schweren Schreibtisch umstellen sollten, und zwar an die rechte Wand vor seinem Fenster. So konnte er nun immer einen Blick in die Welt nach außen werfen und gleichzeitig seinen Blick nach innen in sein Unternehmen richten. Am nächsten Morgen ordnete er an, dass alle führenden Mitarbeiter aus den Abteilungen Technik, Planung, Produktion, Vertrieb und Verwaltung um Punkt zehn Uhr in sein Büro kommen sollten, und zwar alle gleichzeitig. Da hatte jeder ein überaus mulmiges Gefühl, denn noch nie hatte sich die komplette Führungsriege der Company zeitgleich und gemeinsam bei ihrem Boss getroffen. War die Firma vielleicht kurz vor dem Aus? Sie betraten ehrfurchtsvoll die heiligen Hallen der Chefetage. So richtig Angst wurde allen, als sie sahen, dass Henry seinen Schreibtisch umgestellt hatte und dass in der Mitte des Raumes etliche Stühle in einem Halbkreis standen, der auch noch zum Fenster hin ausgerichtet war. Aha, es drohte also doch der Rauswurf und das im Winter. Und auch noch vom 4. Stock aus. Doch Henry Ford begrüßte jeden einzelnen von ihnen freundlich, mit einem verschmitzten Lächeln auf den Lippen - und das auch noch mit Handschlag! War der Boss über Nacht verrückt geworden? Manch einer der Abteilungsleiter dachte plötzlich, Henry würde ihnen so etwas wie eine Weihnachtsgratifikation vorschlagen, wobei dieses Unwort zur damaligen Zeit noch nicht einmal erfunden worden war. Befremdlich blickten alle drein und wussten nicht so recht, was das nun alles sollte. „Vielen Dank, dass Sie alle pünktlich und vollständig erschienen sind", ergriff Henry das Wort. „Es mag Ihnen nicht ganz geheuer erscheinen, aber es stehen die größten Veränderungen in unserer Firmengeschichte an." Seine Mitarbeiter standen völlig orientierungslos in der Mitte des Raumes. „Kommen Sie einmal alle herüber und blicken Sie aus dem Fenster." Nachdem die Schreibtisch-Barriere nicht mehr bestand, war der Weg zum Blick nach draußen frei geräumt. Sie gingen zum Fenster und schauten hinaus. „Was sehen Sie da unten?", fragte Henry. „Eine dreckige Stadt", „Einen Haufen Pferde", „Arme Leute", so einige Antworten. Henry bedeutete seinen Leuten nun, Platz auf den Stühlen zu nehmen. „So, und jetzt schließen Sie Ihre Augen." Mit einem leicht angedeuteten, verständnislosen Kopfschütteln senkten alle ihren Kopf und hörten ihrem Boss zu.

„Stellen Sie sich nun vor, da unten auf den Straßen fahren keine Kutschen mehr, sondern nur noch Automobile der Ford Company. Die Menschen freuen sich. Jeder kann sich ein Auto leisten. Und in jedem Lächeln dieser Menschen, die nun aus der Stadt herausfahren können, spiegeln Sie sich alle wider. In jedem Ford steckt ein Teil von Ihnen. Wären Sie nicht stolz auf diese Zukunft, die Sie mit gestaltet haben?"

So eisig und still wie der langsam nachlassende Nordwind war es selten im Obergeschoss der Ford Company gewesen. Nach langem Schweigen hoben Fords Führungskräfte die Köpfe und mit einem Mal brach das Eis wie am ersten Frühlingstag nach dem Winter. Alle Mann fragten wild durcheinander, wobei die meisten Fragen eher an sich selbst gerichtet waren als an ihren gemeinsamen Chef. „Wie sollen wir das machen? Wie können wir mehr produzieren als jetzt? Was kostet uns das? Was bringt uns das? Wie viel Platz brauchen wir? Wann können wir anfangen? Welche neuen Mitarbeiter brauchen wir? Wie viele Autos können wir überhaupt verkaufen? Wie billig müssen sie sein? Was wird die Konkurrenz machen?" Henry Ford lächelte. Er wusste, er hatte alle überzeugt und ihnen das große Bild einer strahlenden Zukunft gezeigt.

„Wir müssen uns nun neu aufstellen. Dazu sind Veränderungen nötig. Ich habe meinen Schreibtisch bereits anderswo hingestellt. Brauchen Sie auch einen Perspektivenwechsel? Dann versetzen Sie ebenfalls Ihren Schreibtisch! Bisher haben 7 bis 8 Mann immer gemeinsam an einem Auto gearbeitet. Ich will, dass nun immer nur einer dieselben Handgriffe macht. Es werden zwar noch immer 7 Mann an einem Auto arbeiten, nur nacheinander. Dann können wir mit 7 Mann 7 Autos in derselben Zeit bauen. Arbeiten Sie daran und machen Sie mir Vorschläge, wie das am besten gelingt. Und es wird funktionieren!"

So entstanden in den nächsten Wochen Pläne und Ideen, um die Vision gemeinsam umzusetzen. Zuerst rückten alle ihre Schreibtische in eine andere Ecke und dann wehte ein Frühlingswind der Aufbruchstimmung im ganzen Unternehmen. So erfanden Ford und seine Führungskräfte zunächst den arbeitsteiligen Ablaufprozess, in dem sie komplexe Arbeitsaufgaben in einzelne Tätigkeiten zerlegten. Am Ende stand die Fließbandproduktion.

Er nannte das erste Serienfahrzeug der Welt Modell „T". Warum auch immer. Es wurde in Amerika umgangssprachlich „Tin Lizzy" genannt oder in Deutschland „die Blech-Liesel".

Henry war auch noch so clever, seinen Mitarbeitern mehr als 100 Prozent über dem üblichen Tageslohn zu bezahlen. Statt der üblichen 2,34 $ zahlte er 5,00 $ pro Tag und im Jahr 1914 sogar 6,00 $. Gleichzeitig führte er den Acht-Stunden-Arbeitstag ein. Das geschah jedoch nicht aus sozialer Großzügigkeit, sondern aus nüchternem, unternehmerischem Kalkül. Wenn seine Arbeiter mehr verdienten, könnten sich alle Mitarbeiter ein Modell T leisten und damit für die eigene Marke Werbung fahren. Und wenn sie mehr Freizeit hätten, könnten sie die Stadtgrenzen von Detroit verlassen und sich die Welt ansehen. Je mehr sie fuhren, desto öfter mussten sie dann natürlich auch in die Ford-Werkstatt zur Inspektion...

Einmal wurde Henry Ford nach der Farbgebung seines Modells T gefragt, worauf er entgegnete, dass die Farbe völlig egal sei, Hauptsache sie ist schwarz. Doch auch dies hatte einen besonderen betriebswirtschaftlichen Hintergrund. Schwarz war zur damaligen Zeit die einzige industriell hergestellte Farbe, die schnell trocknete und billig war sie dazu. Die Karosserieteile mussten aufgrund der Serienproduktion und der Zeitvorgaben einfach schnell lackiert sein.

Das Geschäftskonzept wurde bis 1927 beibehalten. Bis zu diesem Zeitpunkt waren über 15 Millionen Fahrzeuge gebaut und verkauft worden. Diesen Rekord konnte auch in den nächsten 45 Jahren kein Unternehmen weltweit übertreffen.

Auf den Straßen Detroits gab es keine Kutschen mehr.

„Wer immer nur das tut, was er schon kann, wird immer nur bleiben, wer er schon ist."

(Henry Ford, Gründer der Ford Motor Company, 1863-1947)

***

Der Mensch als emotionales Wesen

Veränderungsprozesse bestimmen das Arbeitsleben. Produktlebenszyklen und Technologie veralten immer schneller. Wurde noch in den 70er und 80er Jahren des zwanzigsten Jahrhunderts alle 7 Jahre ein neues Automobilmodell vorgestellt, so geschieht das nun wenigstens alle 2 Jahre. Deshalb ist - gerade in Zeiten des Wandels - Führungssouveränität eine der wichtigsten Kompetenzen der Zukunft. Einfach ist Change-Management nicht. Selbst wenn in einer Organisation erkannt wird, dass sich etwas ändern muss, so ist es doch für viele schwierig, damit umzugehen.

„Veränderung ist das, was die Leute am meisten fürchten."
(Fjodor Michailowitsch Dostojewski, russischer Schriftsteller, 1821-1881)

Die Mehrzahl von uns vertritt die Meinung, der Mensch sei rational und orientiere sich an seinem Sachverstand. Ich bin jedoch davon überzeugt, dass der Mensch aus einem Bündel von Emotionen besteht und ihn sein „Bauchgefühl" sowohl im Privatleben wie im Unternehmensalltag leitet. Viele Entscheidungen werden eben nicht logisch getroffen. Erst im Nachhinein werden rationale Rechtfertigungsgründe gesucht, um die Richtigkeit emotionaler Entscheidungen zu begründen. Wir sollten uns Emotionen nicht verschließen, gerade weil diese bei Veränderungsprozessen eine entscheidende Rolle spielen. Wenn Sie die Emotionen ignorieren, werden Sie keinen Erfolg haben, denn sie lassen sich nicht einfach wegdiskutieren. Betrachten wir als Beispiel nochmals das Thema „Pkw-Kauf". Wenn Sie ein Auto kaufen, orientieren Sie sich doch in erster Linie nicht daran, ob der Wagen eine „innere Hubraumbeleuchtung" oder eine „Kolbenrückholfeder" besitzt oder welcher Wiederverkaufswert in 5 Jahren zu erwarten ist. Vielmehr zählt „die Freude am Fahren", die „Freiheit" z.B. bei einem SUV oder die emotionale Anmutung, etwa bei einem Jaguar oder einem Rolls Royce, welche so etwas wie „Adel" oder „Status" signalisieren. Die Automobilwerbung hat das längst erkannt. So warb vor einiger Zeit Seat mit dem spanischen Slogan „Autoemoción". Deutlicher geht es kaum. Ein „Hummer" verbraucht zwar auch „nur" 25 Liter (auf 50 km), was bei einem solchen Wagen jedoch keine Rolle spielt.

Ein Scheich aus den arabischen Emiraten kaufte sich vor einiger Zeit einen 500-PS-Ferrari und fuhr diesen auf den Sandpisten seines Landes mit maximaler Beschleunigung bis an die Belastungsgrenze des Hochgeschwindigkeitsrausches. Sein Mechaniker wies ihn drauf hin, dass die Reifen bei diesem Dauer-Power-Speed nach 100 Kilometern abgefahren wären, worauf der Scheich entgegnete: „Das ist mir egal, weil der Tank nach 60 Kilometern sowieso leer ist."

Zurück zum Veränderungsvorhaben. Sie werden bei einem Change Projekt Menschen in zwei Gruppen einteilen können. Einerseits gibt es diejenigen, welche sich auf der Gewinnerseite sehen und diese werden dann auch mitziehen, solange sie das Gefühl haben, zu den Gewinnern eines Veränderungsprozesses zu zählen. Die anderen Gruppenmitglieder fühlen sich als Verlierer oder befürchten dies zumindest und sperren sich vor dem unbekannten Neuen. Das muss nicht unbedingt logisch und faktisch begründet sein. Menschen handeln nach ihren Gefühlen und deswegen sollten ihre Emotionen stets ernst genommen werden. Ihre Aufgabe als Führungskraft besteht darin, eine Balance zwischen der Vermittlung von sachlogischen Themen und den bestehenden Emotionen zu finden. Dieser Akt verlangt von allen Betroffenen eine gute Portion Energie und Überzeugung. Diese Energie entsteht ganz sicher nicht aus Ihren sachlogischen Argumenten heraus, sondern indem Sie die emotionalen Blockaden oder Bremswirkungen erkennen und in Antriebsenergie umwandeln. Nur auf der emotionalen Ebene werden Sie es schaffen, Menschen zu Veränderungen zu bewegen.

Wie Sie als Führungskraft Veränderungsprozesse emotional steuern können

„Das Gras wächst nicht schneller, wenn man daran zieht."
(Afrikanisches Sprichwort)

Wie Sie Menschen bewegen können, möchte ich Ihnen anhand des 7-Stufen-Modells der emotionalen Führung verdeutlichen.

Der Mensch verändert sich nur aus zwei Gründen, entweder aus Lust oder aus Schmerz. Wenn Sie Gefallen an einer neuen Idee oder einem neuen X-Box-Game finden, dann beschäftigen Sie sich gerne damit. Das gilt generell für die Vorfreude auf etwas Neues, z.B. auf eine Reise in ein Land, in dem Sie noch nie waren aber unbedingt einmal hin wollen, auf die Fertigstellung eines kreativen Werkes oder auf Ihr neues Auto. Häufiger noch geschehen Veränderungen nicht, weil wir sie wollen, sondern weil wir dazu gezwungen werden. Das kann der Verlust eines geliebten Menschen sein, der uns dazu bringt, unsere Einstellung zum eigenen Leben zu hinterfragen, der Verlust des Arbeitsplatzes oder - schlimmer noch - Veränderung durch Kriege, Klimakatastrophen und andere externe Faktoren, welche wir selbst nicht beeinflussen können. Dies hat in der Vergangenheit und in der Gegenwart ganze Völkerwanderungen ausgelöst und den Untergang großer Reiche und Imperien nach sich gezogen. Einige unserer eigenen Vorfahren wurden aus ihrer ursprünglichen Heimat, die sie sonst nie verlassen hätten, vertrieben und waren dort, wo sie sich niederließen nichts anderes als „Flüchtlinge". Heute werden sie als „Migranten" bezeichnet.

Wie können Sie in Ihrem Arbeitsumfeld positive Veränderungen und „Migrationen" - verstanden als das Weggehen oder Aufgeben des Gewohnten, Eingefahrenen - auslösen, ohne gleich einen „Krieg" anzuzetteln?

Stufe 1: Unbehagliche Fragen stellen

Im ersten Schritt ist es erforderlich, dass Sie Ihre Mitarbeiter mit dem derzeitigen Status Quo konfrontieren. Nur wer gegebene Strukturen in Frage stellen kann, um seine eigene Zukunft noch mitgestalten zu können, wird zumindest zuhören und sich die nötigen „Was-wäre-wenn-Fragen" stellen. „Was würde geschehen, wenn ich mich nicht anpasse und wenn sich nichts ändert?" Sie sollten die Betroffenen schon etwas aus dem Gleichgewicht bringen, damit sie das Nachdenken anfangen. Menschen verändern sich nicht gerne und wollen den Status Quo krampfhaft aufrechterhalten, obwohl Sie bereits auf den Rand ihrer eigenen Klippe zusteuern. Sie wollen die Wahrheit nicht erkennen und verharren am liebsten regungslos in der trügerischen Hoffnung, dass bestimmt alles so bleibt, wie es immer war. Die „gute alte Zeit" ist jedoch nicht gestern, sondern heute und das wissen wir spätestens morgen. Als weiteres Paradoxon an der ganzen Denkweise kommt hinzu, dass manche den Status Quo beibehalten wollen, obwohl sie gleichzeitig über die aktuelle Situation unzufrieden sind. Dies hat zwei Gründe. Die Nutznießer der gegenwärtigen Situation haben keinerlei Interesse daran, Ihre Vorteile aufzugeben und die Benachteiligten haben sich gut mit dem Status Quo und ihrer suboptimalen Situation arrangiert, weil sie sich selbst nicht als verantwortlich für die Situation sehen und alle Schuld anderen zuweisen. Diese zähe Ausgangssituation zu durchbrechen ist nicht einfach. Senden Sie deshalb die klare Botschaft, dass sich etwas ändern muss.

Stufe2: Energie und Mut zur Veränderung wecken

Sobald Sie Ihre Mitarbeiter dazu gebracht haben, sich Gedanken über das Heute und das Morgen zu machen, befinden Sie sich auf der zweiten Stufe. Es liegt nun an Ihnen, Lust und Energie zur Veränderung zu wecken. Dazu gehört die Botschaft, sich von Altbekanntem zu lösen. Eine Initialzündung zur Aufbruchbereitschaft schaffen Sie allerdings nur dann, wenn Sie selbst davon völlig überzeugt sind. Und genau hier beginnt in der Praxis das Dilemma. Wird eine Führungskraft mit einem Change Projekt betraut, welches „von oben" vorgeschrieben ist, ohne selbst hundertprozentig davon überzeugt zu sein, geht das fast immer schief, gerade wenn die Umsetzung harte Einschnitte erfordert. Als Führungskraft sitzen Sie zwischen den Stühlen, da Sie den Druck von oben aushalten müssen und damit zur Durchsetzung der Unternehmensinteressen verpflichtet sind, jedoch gleichzeitig auf die Mitarbeiterbedürfnisse achten wollen. Wenn von Führungskräften verlangt wird, sich mit allem komplett zu identifizieren, schnappt ganz schnell die Glaubwürdigkeitsfalle zu. Und das merken Ihre Mitarbeiter sofort. Als Personalleiter war es einmal meine Aufgabe, eine größere Personalkosteneinsparung in einem Zweigwerk umzusetzen. Zunächst war eine ganze Reihe an Kündigungen geplant. Dann kam es zu einem weiteren Gespräch mit den Gesellschaftern. Das Ergebnis daraus war, dass wir Kündigungen vermeiden konnten, wenn die Mitarbeiter auf 20% ihres Gehalts bzw. Lohns verzichteten. Wenn der Personalleiter mit diesen Vorschlag zum Werksleiter des Zweigwerkes oder den betroffenen Mitarbeitern kommt, dann kann er sicherlich keinen Enthusiasmus erwarten. Auch Argumente wie Sicherung des Arbeitsplatzes zählen angesichts des teilweisen Gehaltsverzichtes nicht unbedingt. Es kann einen positiven Beitrag leisten, auf den eigenen freiwilligen Gehaltsverzicht hinzuweisen, wobei Sie sich jedoch nicht mit Ihren Mitarbeitern solidarisieren sollten. Entscheidend ist es, die Zukunftschancen nach Überwindung dieser temporären Einschnitte und Maßnahmen aufzuzeigen.

In dieser zweiten Stufe geht es ebenfalls darum, Schlüsselpersonen als Meinungsmacher zu gewinnen. Dies sind sowohl formelle Leitfiguren als auch informelle Meinungsführer. Verwenden Sie unbedingt die Zeit dafür, letztere zu identifizieren. Stellen Sie sich die Frage, wer bereit wäre, mit zu ziehen, wer bereit ist, sich rauszuhalten und wer als Leitfigur den höchsten Grad an Überzeugungskraft ausstrahlen kann. Sie brauchen nicht alle als Verbündete. Schon 25-30% der betroffenen Mitarbeiter reichen - meiner Erfahrung nach - aus, um die erforderliche Bereitschaft bei allen zu schaffen. Bei einem Veränderungsvorhaben lassen sich meist drei Mitarbeitergruppen identifizieren. Das sind Befürworter, Skeptiker und Ablehner, bekannt auch als die „3M": Mutmacher - Mitmacher - Miesmacher. In der Praxis wird dabei der Fokus häufig stark auf die strikten Ablehner gerichtet, in der Hoffnung diese umzustimmen. Das kostet jedoch zu viel Energie, ohne dass Erfolge absehbar wären. Viel wichtiger ist es, den Fokus auf die Gruppe der Skeptiker zu richten und sich mit diesen auseinanderzusetzen, deren Widerstände zu bearbeiten und diese am Ende zu überzeugen. Andernfalls werden die Ablehner die Skeptiker sabotieren und am Ende bombardieren. „Vive la révolution!"

Stufe 3: Das Ziel und die Vision konkret aufzeigen

Sobald Sie es geschafft haben, den Mut zur Veränderung auszulösen, sollten Sie das Ziel konkret aufzeigen. Erzählen Sie eine packende Change Story, die eine magnetische Wirkung entfalten kann. Steve Jobs hätte z.B. sagen können: „Leute, eines Tages, wenn wir geschafft haben, was wir uns jetzt vornehmen, dann werden wir erleben, wie die Leute, Stunden bevor die Läden öffnen, in New York vier Blocks lang Schlange stehen, um zu den ersten zu gehören, die unser neues Produkt in den Händen halten." Erzählen Sie eine mitreißende Geschichte, die Ihre Mitarbeiter motiviert, mitzuziehen und auch dann nicht abzuspringen, wenn es zwischendurch einmal ungemütlich wird. Skizzieren Sie dazu ein großes Bild, um es den Leuten mitzugeben und dieses Ziel sowie die Reise dorthin emotional aufzuladen. Erklären Sie bildhaft den großen Bauplan und Details. Denn nur wer versteht, wozu das Ganze dient, welche Rolle sein Teilbereich und er selbst dabei spielt, kann mit voller Energie dabei ein. Denken Sie an John F. Kennedy, dem es mit seiner Vision von „I see the man on the moon" gelang, die Zweifler zu drehen und innerhalb von 10 Jahren die erste bemannte Raumfähre zum Mond zu schicken. Menschen hören gerne Geschichten. Am besten ist, wenn sie dabei selbst Teil der Geschichte sind und diese mitgestalten können. Schauen oder hören Sie sich einfach einmal Martin Luther King's „I have a dream" an...

Stufe 4: Mental mobil machen

Erlauben Sie sich nun, alle Szenarien durchzuspielen, auch Worst-Case-Fälle und entwickeln Sie dazu einen Plan B. Entwerfen Sie Aktionsprogramme und ordnen Sie diese entsprechenden Personen zu. Damit erreichen Sie, dass die Menschen sich sicher fühlen und emotional stabil werden. Zu diesem Zeitpunkt sind alle bereits gerüstet und wissen, worauf sie sich einlassen.

Stufe 5: Zeichen zum Aufbruch setzen

Stoßen Sie den Aufbruch zum Beispiel mit einer Kick Off Veranstaltung an. Allen muss klar sein, dass es jetzt wirklich losgeht. Zeigen Sie an dieser Stelle bereits auf, wie es weiter geht, und welche Teilziele abgesteckt sind. Und wenn Ihr Team diese erreicht, erkennen Sie das bitte an. Denn nichts ist motivierender als Erfolg. Gerade in den unsicheren Zeiten eines Wandelvorhabens.

Stufe 6: Aufbrechen

Auf Level 6 verlassen Sie mit dem Dampfer den alten Hafen. Seien Sie sich dabei darüber bewusst, dass noch nicht jeder Ihrer Mannschaft innerlich zum Aufbruch bereit ist. Dennoch lichten Sie die Anker und die Fahrt geht los. Völlig falsch wäre es jetzt, zu zögern, zu bremsen oder gar zurückzufahren. Wer noch am Ufer steht, wird schon noch im Beiboot nachkommen, schlimmstenfalls bleibt er eben zurück. Stellen Sie sich einmal vor, England würde sich entscheiden, den Linksverkehr auf Rechtsverkehr umzustellen. Das würde auch erst einmal große Verwirrung und Widerstand erzeugen. Und wenn jetzt der englische Verkehrsminister sich nach dem ersten Zögern entscheiden würde, erst einmal nur den Verkehr für LKWs von links auf rechts umzustellen, wäre das Chaos perfekt. Wenn also der Aufbruch erfolgt, dann ziehen Sie diesen mit allen Konsequenzen durch. Notfalls bleiben einige zurück.

Stufe 7: In Bewegung bleiben

Im letzten Schritt sind Sie in Bewegung. Das Schiff hat Fahrt aufgenommen, das alte Ufer gerät immer weiter außer Sichtweite, das neue wird sichtbar und gewinnt Gestalt. Und nun setzt sich ein Lernprozess in Gang. Dazu gehört es, immer wieder eine Lagebesprechung durchzuführen. Nehmen Sie die Betroffenen und deren Emotionen auf dem Weg ins neue Land ernst. Das könnte zum Beispiel die Freude über neue Erfahrungen sein, aber auch der Ärger darüber, dass nicht alles gleich so klappt wie geplant. Wenn Sand im Getriebe ist, legen Sie die Seekarten auf den Tisch und erarbeiten sie alternative Lösungen und Wege. Damit bringen Sie immer wieder Wind in die Segel.

Des Weiteren gilt es, Ihre Mannschaft immer in Bewegung zu halten. Vielleicht gibt es ja zukünftig überhaupt keinen Heimathafen mehr? Vielleicht werden Sie nach kurzen Ruhepausen bald schon wieder auf Fahrt sein. Auch wenn der Wandel im Unternehmen ein Dauerthema ist, passen Sie bitte auf. Menschen sind gerade auf der emotionalen Ebene nicht unendlich belastbar. Sie brauchen immer wieder eine Phase des Anwachsens, in denen sie sich an neue Situationen gewöhnen können und in Folge neue Routinen aufbauen. Natürlich kann man diesen theoretischen Ansatz nicht exakt in der Praxis planen, denn das Umfeld bestimmt, wann wir reagieren müssen. Wir sollten stets aufmerksam bleiben. Ich möchte Sie weiterhin davor warnen, nicht in Überaktionismus zu verfallen, wenn die Reisegeschwindigkeit langsamer ausfällt als geplant. Wer zu viel auf einmal will, wird gar nichts erreichen. Die Menschen brauchen Zeit zur Reflexion, zum Eingewöhnen und zum Auftanken. Es geht darum, emotional zur Ruhe zu kommen, um daraus neue Kraft zu schöpfen.

Achterbahn der Gefühle: Die Phasen der Veränderung

„Was der Bauer net kennt, des frisst er net."

(Fränkisches Sprichwort)

Veränderungsvorhaben sind bei den Beteiligten immer mit gemischten Gefühlen verbunden. Wer einige Change Projekte geleitet hat, weiß, dass die Emotionen in Veränderungsprozessen ein Stück weit vorhersehbar sind, da sie wiederkehrenden Mustern folgen. Die emotionalen „Hochs" und „Tiefs" sind nicht zufällig über den Projektverlauf verteilt, sondern treten in bestimmten Phasen besonders häufig auf. Wer diese Phasen kennt, kann sich besser auf die Gefühle der Betroffenen einstellen und entsprechend reagieren. Je nach Vorerfahrungen und der Vorgeschichte im betreffenden Unternehmen können Change Projekte mit einer eher positiven oder einer grundsätzlich negativen Ausgangsstimmung starten. Ist der Wille zum Wandel vorhanden und sind die Ziele klar kommuniziert, überwiegen zum Projektstart meist die positiven Gefühle. Diese trüben sich allerdings schnell ein, sobald es zur „Konzeptkrise" (der Gedanke des Nutzens der Vision wird in Frage gestellt) und im späteren Verlauf zur „Umsetzungskrise" („wir schaffen das nicht") kommt. Im ersten Fall sorgen Konflikte über die „richtige Richtung" für einen dramatischen Stimmungsabfall. Im zweiten Fall tragen viele kleine Probleme dazu bei, dass die Stimmung gedrückt ist und die Motivation der Beteiligten in den Keller rutscht. Besteht bei den Beteiligten jedoch - wie es leider oft der Fall ist - Unklarheit über Art, Umfang und Zweck der Veränderungen, sind emotionale Widerstände in Form von Ängsten und Ablehnung bereits in der Startphase vorprogrammiert.

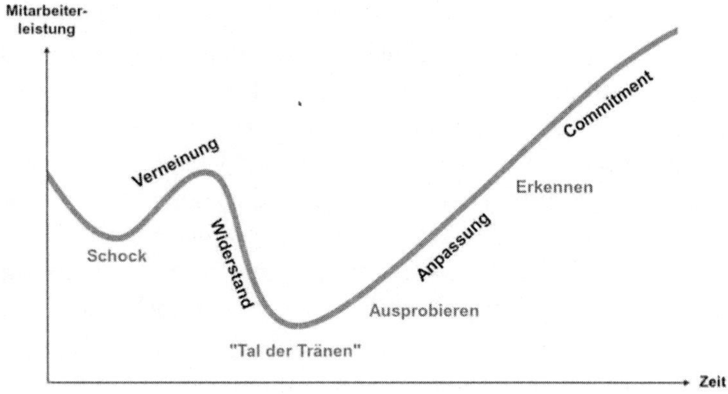

Die Sorgen der Menschen beginnen schon vor der Ankündigung des Change Vorhabens. Die Mitarbeiter ahnen, dass „etwas" kommt, Gerüchte verbreiten sich. Kommt die Ankündigung dann offiziell, reagieren die Betroffenen zunächst mit Schock und Verneinung. Sie haben Angst und wollen nicht wahrhaben, dass sich etwas ändern muss und reden sich die aktuelle Situation schön. Dabei warten alle erst einmal ab und machen weiter wie bisher.

„Die werden schon sehen, dass das nicht geht!", war plötzlich die spontane Reaktion im Team. Anlass der Aufregung war für die betroffenen, gewerblich-technischen Mitarbeiter, dass ein neues Drei-Schichtmodell mit einer Abkehr vom klassischen wöchentlichen Wechsel eingeführt werden sollte. Für die langjährigen Mitarbeiter bedeutete das einen Angriff auf ihren gewohnten Ablauf, obwohl das neue Modell neuen arbeitswissenschaftlichen Erkenntnissen entsprach. Das neue Modell sah kurze Wechsel zwischen den Schichten vor, also zum Beispiel zwei Früh-, zwei Spätschichten, eine Nachtschicht, dann zwei Tage frei. Das hörte sich erst einmal gut an, kam aber nicht gut an. Die erste Anlaufzeit war durch einen Schock geprägt. Zwar entstand ein kurzzeitiges Stimmungshoch, danach kam es jedoch zur Ablehnung des neuen Systems und in der nächsten Phase sogar zu einem starken emotionalen Widerstand. Nachdem bei den Beteiligten ins Bewusstsein gedrungen war, dass die Veränderungen tatsächlich stattfinden würden und sie selbst darin involviert waren, ohne diese Veränderungen aufhalten zu können, setzte eine Phase heftiger emotionaler Gegenreaktionen ein. Der emotionale Widerstand entwickelte sich zu Ärger, Wut, Frustration, Aggression oder auch zur Verzweiflung weiter. Diese Widerstandsphase ist kritisch für den gesamten Veränderungsprozess. Sie kann zu einer erheblichen Verlangsamung des Wandels und sogar zum Stillstand führen, wenn geeignete Interventionen ausbleiben. Schließlich kam es doch zu einer langsamen Wendung. Denn trotz Ärger, Wut oder gar Verzweiflung setzten sich die Mitarbeiter mit dem Projekt auseinander. Diese Phase des „Ausprobierens" war zwar noch immer von Frustrationen begleitet, die später jedoch zur rationalen Einsicht führten, dass die Veränderung notwendig war, oder es zumindest angebracht war, sich darauf einzulassen, wenn man im Unternehmen verbleiben will. In diesem Change Projekt zeigt sich, dass das neue Modell zwar versuchsweise angenommen wird, allerdings von sehr frustrierten Menschen, denn die betroffenen Schichtmitarbeiter hatten sich noch nicht vollständig vom Gewohnten verabschiedet. Sie trauerten dem alten Zustand noch immer nach. Diese Phase wird als das „Tal der Tränen" bezeichnet. Denn Loslassen schmerzt, ist jedoch nötig für die emotionale Akzeptanz der Veränderung. Es folgte eine Phase der Anpassung, die allerdings weiterhin von Unsicherheit geprägt war. Die eigenen Kompetenzen und die neuen Anforderungen passten noch nicht zusammen und es wurden Fehler gemacht. Die Mitarbeiter probierten neue Lösungswege aus. In dem Maße, in dem das neue Verhalten erfolgreich war, verfestigten sich allerdings die neuen Denk- und Handlungsmuster. Das kontinuierliche Ausprobieren und Einüben steigerte die wahrgenommene eigene Kompetenz bzw. Selbstwirksamkeit. Die Gefühlskurve befand sich nun im Aufschwung. Die Erkenntnis, sich in dem veränderten Umfeld gut bewegen zu können, führte zu immer höherer Sicherheit. Zudem stieg das Bewusstsein hinsichtlich der positiven Effekte der Veränderung. Sobald sich die Mitarbeiter ein Stück weit an die neuen Verhältnisse und Verhaltensweisen gewöhnt hatten, bildeten sie Routinen aus, und der „Change" war bei jedem Einzelnen auch subjektiv angekommen.

Die Commitment-Phase - die Phase der Verpflichtung und des Einverständnisses - war durch Emotionen wie Selbstvertrauen und Zufriedenheit geprägt, die positive Stimmung verfestigte sich weiter. Dies ist meist erst nach dem Abschluss des eigentlichen Change Projektes der Fall, und sobald der Wandel wirklich gelungen ist, werden sich die Mitarbeiter fragen: „Warum haben wir das früher bloß anders gemacht?" Im Fall der Schichtmitarbeiter war festzustellen, dass diese die Vorteile des neuen Modells erst erkennen konnten, als sie mit ihrer alten Freiheit emotional abgeschlossen hatten. Sie nahmen es nun gerne an, dass sie nach einer Nachtschichtphase eine lange Ruhephase von 48 Stunden erhalten hatten.

Mit der Fahne voran in den Change

Der Umsetzung einer Veränderung gehen somit immer die oben genannten Verarbeitungsschritte voraus. Führungskräfte, die ihre Mitarbeiter mit ins Boot holen wollen, sollten diese Phasen stets im Blick behalten und den Umgang mit ihnen planen. Das lohnt sich. Zwar lässt sich auch mit dem besten Emotionsmanagement keine Phase dieser Berg- und Talfahrt der Gefühle überspringen, doch es ist möglich, den Prozess zu straffen und unnötige Schleifen zu vermeiden. Je sensibler die Verantwortlichen mit Emotionen umgehen, desto schneller wird Veränderung akzeptiert. Nehmen Sie die Flagge des Aufbruchs in die Hand und gehen Sie voran. Denn nur Sie können Ihre Mitarbeiter mitnehmen und nur Ihnen werden sie folgen. Sie allein können die Herzen der Mitarbeiter berühren. Sie sind als Führungskraft der Impulsgeber entlang der Veränderungskurve.

Heute können Sie sich nicht mehr - wie noch vor wenigen Jahren - darauf beschränken, Fakten zu liefern, mit denen Sie dann Ihre Mitarbeiter allein lassen. Statt zu erwarten, dass die HR-Kollegen oder externe Experten Probleme lösen, müssen Sie nun selbst an die emotionale Front.

Beständig und beidseitig kommunizieren

Gerade in den frühen Phasen eines Veränderungsprozesses sollten Sie dazu bereit sein, sich den unvermeidlichen negativen Emotionen zu stellen und Ihren Mitarbeitern aufzeigen, dass Sie ihre Sorgen ernst nehmen. Nach dem anfänglichen Schock werden die bevorstehenden Veränderungen wieder nüchterner betrachtet. Zu diesem Zeitpunkt sollten Sie permanente Gesprächsbereitschaft signalisieren, auch wenn Sie mit großem Geschrei konfrontiert werden. Nehmen Sie das bitte dann nicht persönlich. Ihre Mitarbeiter haben einfach nur Angst und finden außer Ihnen kein Ventil, an dem sie sonst ihren Unmut auslassen können. Das hilft zu verhindern, dass sich die wütenden Betroffenen im Widerstand einrichten. Halten Sie diese emotionalen Ausbrüche und Angriffe aus und seien Sie nachsichtig. Das heißt jedoch nicht, dass Sie sich alles gefallen lassen müssen. Regelmäßige Informationen über den Fortgang des Projekts, erreichte Zwischenerfolge oder auch Verzögerungen nehmen den Menschen etwas von ihrer Unsicherheit. Es kann für die Mitarbeiter beruhigend sein, zu wissen, dass eine Information im Moment noch nicht zur Verfügung gestellt werden kann. Besser, als nichts zu sagen, ist es, die Gründe dafür offen anzusprechen und anzukündigen, wann mit der Information zu rechnen ist. Dabei sollte es nicht allzu nüchtern zugehen. Mit Bildern und der Visualisierung der Zielerreichung lässt sich viel überzeugender erklären, wohin die Reise gehen soll. Weiterhin haben in dieser Phase emotional wirkende Maßnahmen, die gegebenenfalls von externen Change Profis begleitet werden, hier ihre Berechtigung. Ich lasse deswegen in Workshops gerne Bilder von den Mitarbeitern malen, in denen sie darstellen, wie sie sich fühlen könnten, wenn das Ziel erreicht ist. Lassen Sie Brennpunkte illustrieren, die auf der sachlichen Ebene sonst kaum zur Sprache kommen. Diese Maßnahme ist oft schon der erste Schritt auf dem Weg zur emotionalen Akzeptanz. Bei den Schichtarbeitern beispielsweise wurde auf diese Weise deutlich, wie sehr sich das Team von der Führungskraft allein gelassen fühlte. Ihr „Ist"-Bild zeigte dreizehn kleine Strichmännchen, die sich zusammenrotten. Über ihnen schwebte ein riesiges Schwert, das sie und alles um sie herum zu zerschneiden drohte. Im Wunschbild für die Zukunft zeigte sich neben den Strichmännchen nun allerdings zusätzlich die Führungskraft, die dem Schwert ein schützendes Schild entgegenhielt. Ein Wunsch, dem die Führungskraft, die sich bis dahin vom Team abgelehnt und selbst auf weiter Flur alleingelassen fühlte, danach bereitwillig entgegenkam.

In Gesprächen mit der Unternehmensführung bekomme ich in der Praxis oft zu hören: „Also in Sachen Kommunikation, da sind wir wirklich sehr gut unterwegs." Auf meine Frage: „Ja was machen Sie denn da genau?", bekomme ich regelmäßig tolle Vorlagen, viele Foliensätze und Plattformen gezeigt, auf die jeder Mitarbeiter zugreifen kann. Meine Antwort lautet hier: „Das ist schön. Das ist aber reine Information. Und Information ist nicht gleich Kommunikation. Information ist ein einseitiger Prozess. Da vermittelt immer nur einer eine Botschaft, ohne zu wissen und zu prüfen, ob und wie diese Botschaft beim Empfänger ankommt und was sie dort auslöst." Es ist offenbar nicht vorgesehen, dass der Empfänger die Information auf irgendeine Weise kommentiert oder eine Rückmeldung gibt. Kommunikation dagegen ist ein zweiseitiges Geschehen, ein Prozess, bei dem die Beteiligten in Beziehung zueinander stehen und miteinander sprechen. Der Sender schickt seine Botschaft ab, der Empfänger gibt ein Feedback, wie diese Botschaft angekommen ist und was sie bewirkt. Danach hat der Sender wieder die Möglichkeit, darauf zu reagieren und ggf. seine Botschaft nochmals zu erklären. Wer kommuniziert, tritt also stets in eine Beziehung, in einen Dialog. Wer aber in einen echten Dialog tritt, muss stets auf Überraschungen gefasst sein. Denken Sie einmal an folgende Situation. Sie sind mit einem Kollegen nicht zufrieden und sprechen diesen darauf an. Der Kollege reagiert so: „Gut dass Sie damit anfangen. Ich habe da auch einiges, mit dem ich nicht einverstanden bin." Im Grunde jedoch wollten Sie gar nicht in einen Dialog eintreten, sondern den anderen nur einseitig informieren. Und dann versuchen Sie, sich herauszureden, schwächen die Kritik ab und sagen: „Da können wir zu einem anderen Zeitpunkt mal in Ruhe reden." Offene Kommunikation macht oft Angst, weil man nicht weiß was dabei herauskommen kann. Kommunikation kann also nur gelingen, wenn beide Parteien Interesse haben, die andere Seite wirklich zu verstehen. Zur Verdeutlichung falsch verstandener Kommunikation (und wie sie besser laufen kann), können Sie das sogenannte „Trichter Modell" heranziehen. Der Mensch wird dabei wie ein offener, leerer Trichter verstanden, in den man die Botschaften und Informationen nur hineingießen muss, um den Menschen neu auszurichten. Die Sichtweise ist denkbar mechanistisch. Steht eine Veränderung an, muss der Mensch nur mit den neuen Informationen und Anweisungen versorgt werden.

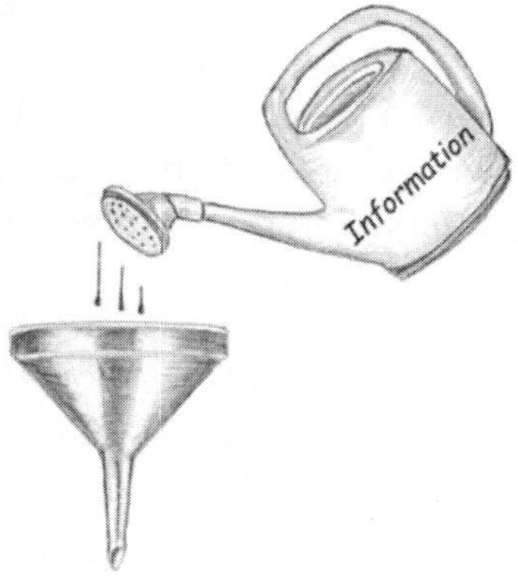

Dieses Modell ist der Grund, warum viele Veränderungsvorhaben scheitern. Die Tatsache, dass jeder Mensch seine eigene Wirklichkeit, seine eigene Logik, eigene Erfahrungen und Bedürfnisse besitzt, wird dabei vollkommen vernachlässigt. Jetzt machen wir mit nur einem Handgriff aus diesem realitätsfremden Modell ein überaus realitätsnahes Modell.

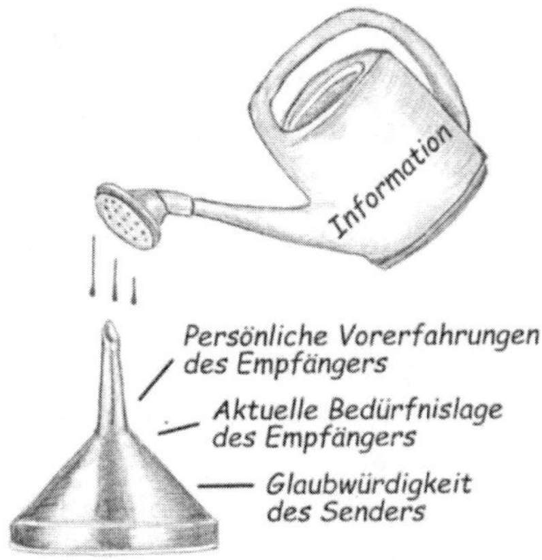

Wir drehen den Trichter einfach um. Jetzt ist der Mensch voll von Erfahrungen, Annahmen, darauf aufbauenden Vorurteilen und es gibt nur einen Einlassstutzen mit drei Einlass-Möglichkeiten, nämlich die persönlichen Vorerfahrungen des Adressaten, die aktuelle Bedürfnislage des Empfängers und die Glaubwürdigkeit des Senders. Sie können sich vorstellen, dass sich hier die Botschaften nicht so einfach nach dem Gießkannenprinzip hinein geben lassen. Vielmehr muss man die richtigen Stutzen erwischen, die Botschaft gut dosieren und den Empfänger dazu bringen, sich zu öffnen. Wer den Einlasszugang nicht kennt oder die richtige Gießkanne nicht zur Hand hat, kann sich nicht sicher sein, was von der Botschaft angekommen ist und was diese wirklich beim Gegenüber auslöst. Die Erkenntnis ist, dass Sie erst wissen, ob das, was Sie gesagt haben, angekommen ist, wenn Sie die Antwort darauf gehört haben.

Das Tal der Tränen durchschreiten

Die kritische Phase im Veränderungsprozess ist das Tal der Tränen. Hier sind Sie gefordert. Statt Konfrontation auszuhalten, leisten Sie jetzt aktive Wiederaufbau-Arbeit.

In der Trauerphase, die der emotionalen Akzeptanz vorausgeht, befinden sich Mitarbeiter in einem Leistungstief, sind resigniert, lethargisch und bisweilen deprimiert. Dann ist es wichtig, den Mitarbeitern die Zeit zu geben, sich selbst zu betrauern. Allerdings nicht zu lange. Nach einigen Tagen geht es darum, den Betroffenen wieder Mut zu machen, und ihren Blick langsam nach vorne zu richten. Auch hier hilft vor allem Reden und Hinhören. Zum einen sollten Sie immer wieder erklären, warum die Veränderung nötig und sinnvoll ist. Zum anderen sollten Sie auf schon erreichte Erfolge verweisen, um das Selbstbewusstsein im Team wieder aufzubauen. Dazu gehört eine Wertschätzung der bisherigen Abläufe. Damit es wirklich wieder aufwärts geht, brauchen die Betroffenen schließlich handfeste Hilfsangebote.

Die Angst vor Veränderung ist oft eine ganz konkrete Angst, an den neuen Herausforderungen zu scheitern. Workshops, in denen die neue Handlungsweise eingeübt wird, individuelle Coachings oder auch Schulungen, z.B. in der Bedienung der neuen Software, helfen den Betroffenen dabei, die Neuerungen in ihren Arbeitsalltag zu integrieren.

Widerstand - eine klasse Sache!

Auf Widerstand werden Sie in Veränderungsprozessen immer stoßen. Das ist nichts Schlimmes. Widerstand ist eine normale, menschliche Reaktion auf Veränderungen. Es ist auch nicht wichtig, was zum Widerstand führt. Zum einen kann das Widerstand gegen die Veränderung als solche sein oder - zum anderen - gegen die Art und Weise, wie der Veränderungsprozess gestaltet wird. Begrüßen Sie Widerstände. Denn wenn Sie etwas Gravierendes ändern wollen und es kommt kein Widerstand, gibt es nur zwei Erklärungen. Entweder das Thema wird bei den Mitarbeitern als so unwichtig erachtet, dass von den Betroffenen keine Reaktion kommt oder die Mitarbeiter sind völlig überzeugt davon, dass das Veränderungsprojekt ohnehin nicht gelingen wird. Widerstände zeigen, dass Ihr Vorhaben ernst genommen wird. Um mit Widerständen professionell umgehen zu können, erkunden und erforschen Sie, was genau hinter diesen Widerständen steckt. Welche Bedürfnisse und Interessen sind im Spiel, die bisher nicht berücksichtigt wurden? Was wird befürchtet oder nicht verstanden? Ich habe es bisher kaum erlebt, dass sich ein Widerständler nicht öffnet, wenn man ihm richtig begegnet. Stattdessen erlebe ich immer wieder, dass Widerständler gut integriert werden können, wenn sich die Führungskraft ernsthaft mit ihnen auseinandersetzt.

Checkmark...

... zum Umgang mit Widerständen

Antworten auf die wichtigsten Fragen der Mitarbeiter haben

Mitarbeiter stellen Ihnen bei Veränderungen immer wieder die gleichen Fragen: Muss ich? Kann ich? Will ich? Bereiten Sie sich darauf vor.

- ☐ Warum brauchen wir überhaupt eine Veränderung?
- ☐ Warum brauchen wir genau diese Veränderung?
- ☐ Gibt es Alternativen?
- ☐ Was ist das Ziel der Veränderung?
- ☐ Wird mir noch etwas verschwiegen?
- ☐ Will ich diese Veränderung selbst?
- ☐ Was bringt mir die Veränderung?
- ☐ Was bedeutet die Veränderung für meinen Status und meine Karriere?
- ☐ Was könnte ich durch die Veränderung verlieren?
- ☐ Bin ich den Veränderungsanforderungen gewachsen?

Suchen Sie den Dialog mit den Mitarbeitern

Am Anfang geht es darum, dass Sie Verständnis für den Widerstand der Mitarbeiter zeigen, so dass dies ersichtlich, authentisch und glaubwürdig ist. Ein wesentlicher Erfolgsfaktor ist es, mit den Mitarbeitern in den Dialog zu treten. Die Kommunikation in dieser Phase kann nur persönlich erfolgen und zwar in großen Gruppen, kleineren Gruppen und in Einzelgesprächen. Ermutigen Sie Ihre Mitarbeiter, ihre Sorgen und Ängste auszusprechen. Eine lange Phase des Widerstands wirkt sich negativ auf Motivation und Leistungsfähigkeit aus. Ein vermeintlich effizientes Managen mit dem Setzen von Fristen ist in dieser emotionalen Phase mit Vorsicht zu genießen. Das heißt allerdings nicht, dass zu einem bestimmten Zeitpunkt nicht deutlich die negativen Konsequenzen einer fehlenden Veränderungsbereitschaft aufgezeigt werden müssen.

Die Ursachen für den Widerstand herausfinden

Es gibt keine universell gültigen Tipps für den Umgang mit Widerstand, denn die Ursachen für Widerstand sind vielfältig und das geeignete Führungsverhalten hängt von vielen Faktoren ab. Dazu zählen die Unternehmenskultur mit den postulierten Werten, die Prädisposition der Führungskraft und die Denkmuster der Mitarbeiter der jeweiligen Unternehmenskultur.

In unterschiedlichen Unternehmen und Organisationsformen herrschen jeweils ein unterschiedlicher Verhaltenscodex oder fest installierte Normen und Glaubensrichtungen bzw. Maximen vor, welche die bestehenden Führungsmuster prägen. In der Bundeswehr ist das anders als in der Kirche und in der Werbebranche anders als im Bauwesen, in der Klinik anders als in Produktionsbetrieben und in Industriekonzernen wieder anders als in mittelständischen, familiengeführten Handwerksbetrieben oder im Handel. Wenn wir von Widerständen sprechen, sollten wir etwas über die jeweilige Branche und über den bisherigen Umgang der Mitarbeiter mit Widerständen bei Veränderungsprozessen in Erfahrung bringen. Dann erst können wir Ansatzpunkte zur Identifizierung der Motivatoren bzw. der Antreiber und auf der anderen Seite der empfundenen bzw. bereits erlebten Blockaden finden. Damit verfügen wir über ein fundiertes Wissen und damit auch über wahrscheinliche Ursachen von Widerständen. Doch so unterschiedlich Branchen und Unternehmenskulturen von Menschen auch sein mögen, für Widerstände lassen sich grundsätzlich drei typische Ursachen identifizieren:

Gelegentlich fehlt in der frühen Phase das Verständnis für die Veränderung, weil die Führungskräfte und vor allem die Mitarbeiter das Grundprinzip der Veränderung nicht verstehen. Das liegt daran, dass die Initiatoren des Wandels in der Geschäftsführung oder Stabsstelle immer auf Basis unterschiedlicher Informationsgrundlagen und Erwartungen handeln. Wenn Ihre eigenen Vorgesetzten selbst unsicher sind und Sie als Führungskraft dies aus Gründen der Pflichterfüllung Ihren Mitarbeitern gegenüber auch noch vertreten müssen, dann können Sie nicht glaubwürdig führen. Die erste Veränderungs-Blockade könnte somit von Ihnen selbst oder von Ihren Vorgesetzten ausgehen.

Die weitere Hürde ist die, am Ende nicht loslassen zu können, womit sich das Tal der Tränen als „normaler" Systemzustand manifestiert. Führungskräften und Mitarbeitern fällt es schwer, die Veränderung in kurzer Zeit emotional zu akzeptieren. Sie fürchten den Verlust von festen Strukturen, die sie liebgewonnen oder an die sie sich zumindest gewöhnt haben. Diese Ängste begründen sich auf der Annahme, dass Status, Macht, soziale Netzwerke, Komfort, Handlungsspielräume und Zukunftsoptionen, Richtungen oder Kompetenzen verloren gehen könnten. Je höher die Verlustängste, desto größer ist der zu erwartende Widerstand gegen die Veränderung. Angst und Widerstand basieren dabei ausschließlich auf der subjektiven Wahrnehmung der Situation und es spielt keine Rolle, ob die Befürchtungen begründet sind oder nicht.

„Wenn der Wind des Wandels weht, bauen die einen Mauern und die anderen Windmühlen."
(Chinesisches Sprichwort)

Jede Führungskraft muss für sich selbst entscheiden, wie sie mit dem eigenen Widerstand und dem Widerstand der Mitarbeiter umgeht. Wenn Sie sich jedoch lange mit einer Sache beschäftigen und wirklich davon überzeugt sind, dass genau dieses Projekt das Unternehmen voranbringt, dann ist dies bereits die halbe Miete bei Veränderungsprozessen. Im Anschluss ist noch eine kritische Masse an Führungskräften und Mitarbeitern zu überzeugen. Vergessen Sie bitte nicht, dass es ein weiter Weg vom Kopf des einen zum Herzen des anderen ist.

Die Organisationsstruktur als Widersacher von Veränderungen

Viele Unternehmensstrukturen sind nach wie vor nicht an schnelle Reaktionszeiten angepasst. Laut Definition ist Organisation „die sinnvolle und gut funktionierende Verbindung der einzelnen Organe zu einem ganzheitlichen Organismus". Doch die wenigsten Unternehmen sind organisch so aufgebaut, dass einzelne Unternehmenseinheiten zwar autonom agieren, jedoch immer in enger Beziehung zueinander stehen. In vielen Unternehmen gleicht die Organisation eher einer Landschaft aus vielen Burgen. Häufig haben sich auf den Führungsetagen „Fürstentümer" abgespalten und so ist es kein Wunder, dass die Mitarbeiter ihr Denken und Handeln ausschließlich auf die eigene Abteilung ausrichten. Der Körper selbst kennt keine derartigen Abteilungen. Ein Organismus käme nicht auf die Idee, seine eigenen Organe einschließlich des Gehirns voneinander abzuteilen, weil er in diesem Fall nicht lebensfähig wäre.

Zurück zum Bild der Burg. Innerhalb der Ritterburgen herrscht oftmals Klarheit, Ordnung und Sicherheit. Die Verantwortung liegt jedoch einzig und allein beim Burgherrn. Der einzelne Gefolgsmann trägt lediglich die Verantwortung für seine Aufgabe, aber nicht für das gesamte Ergebnis. Die Beziehungen zwischen den Bereichen sind von Vorsicht und Misstrauen geprägt. Keiner geht aus seiner Burg heraus, denn das ist unbekanntes Terrain. Innerhalb der Trutzburg herrscht beim einzelnen die Denkweise: „Ich mache doch einen guten Job. Die anderen sind schuld. Die haben doch den Karren an die Wand gefahren." Als Führungskraft werden Sie bestehende Organisationsstrukturen nicht immer vollständig ändern können, jedoch sollten Sie sich die Frage stellen, wie Sie das Denken in Festungsmauern teilweise aufbrechen können. Beim typischen hierarchischen Organigramm eines Mittelständlers thront über allem der geschäftsführende Gesellschafter. Auf der nächsten Ebene folgen die Führungskräfte, denen wiederum weitere Mitarbeiter beigestellt sind. Irgendwo unterhalb dieser Mitarbeiter steht der Kunde, wobei dieser in den offiziellen Diagrammen meist gar nicht vorkommt. Kein Wunder, dass derart strukturierte Unternehmen sich eher mit sich selbst beschäftigen, anstatt sich um ihre wichtigste Aufgabe zu kümmern, nämlich einen Nutzen für den Kunden zu erbringen. Wenn Sie dieses Organigramm in kürzester Zeit entscheidend verbessern wollen, dann drehen Sie dieses Organigramm einfach um. Schon steht der Kunde oben. Die Mitarbeiter an der Basis werden plötzlich als wichtigstes Bindeglied zum Markt sichtbar. Und nicht zuletzt verdeutlicht die Neupositionierung des Geschäftsführers und der Führungskräfte, dass diesen die Aufgabe zukommt, dem Unternehmen - und damit dem Kunden - mit ganzer Kraft zu dienen. Strukturieren Sie daher um und werfen Sie das herkömmliche Denken über den Rand der chinesischen Mauer.

Grundprinzipien eines erfolgreichen Wandels

Ich möchte Ihnen drei Grundprinzipien mitgeben, die Sie als Basis für Veränderungsprozesse beachten sollten.

Ganzheitlichkeit

Vielleicht nehmen Sie sich vor, neue Strukturen zu etablieren, zum Beispiel horizontale Wertschöpfungsketten, die sich am Markt und an den Kunden orientieren. Ihre Mitarbeiter sind darauf jedoch nicht vorbereitet und handeln trotz neuer Strukturen nach den alten Mustern. Oder Sie formulieren ein großes Ziel, verdeutlichen jedoch nicht ausreichend, mit welcher Strategie Sie dort hinkommen wollen. Ganzheitlichkeit heißt, immer alle Dimensionen des Change-Projektes zu berücksichtigen, wobei diese für Ihr Veränderungsprojekt unterschiedliche Bedeutung haben können.

Beteiligung

Beziehen Sie alle, die von einer Veränderung direkt oder indirekt betroffen sind, von Anfang an mit ein, andernfalls Sind Sie früher oder später mit dem „not invented here"-Syndrom konfrontiert. Das heißt so viel wie: „Also, wir haben uns das nicht ausgedacht, das waren wieder einmal die da oben. Die haben einmal mehr etwas ausgebrütet und uns nicht beteiligt und wir sollen es jetzt ausbaden." Wenn Sie die Betroffenen nicht rechtzeitig beteiligen, riskieren Sie am Ende, bei der Umsetzung sehr viel Zeit zu verlieren. Warum machen trotzdem so viele Führungskräfte immer wieder den Fehler, ihre Mitarbeiter am Prozess nicht zu beteiligen? Was ist sozusagen die innere Logik des Misslingens? Zum einen haben Führungskräfte oft Angst, dass die Betroffen die Veränderung verhindern wollen, wenn diese zu früh beteiligt werden. Möglicherweise sind sich die Führungskräfte selbst auch noch nicht ganz sicher, wie das Projekt konkret anlaufen soll. Zum anderen wollen Führungskräfte nicht alle in gleichem Maße beteiligen. Häufig höre ich die Worte: „Ich kann doch hier keine Basisdemokratie einführen." Meine Antwort darauf lautet: „Ich würde Ihnen auch davon abraten, alle in gleicher Form zu beteiligen. Wichtig ist, dass Sie sich bewusst machen, wer am Ende direkt und indirekt von den Veränderungen betroffen ist." Wenn Sie diese Mitarbeiter aktiv mit einbeziehen, haben Sie am Ende überzeugte "Change Botschafter", die Ihnen helfen werden, die angestrebte Veränderung nachhaltig zu verankern.

Respekt vor unterschiedlichen Interessen und Sichtweisen

Jeder Mensch verhält sich in seinen eigenen Augen immer vernünftig und logisch, auch wenn seine Mitmenschen das vollkommen anders sehen. In einem Veränderungsprojekt gilt es jedoch, die Sichtweisen der anderen zu verstehen. Versuchen Sie deshalb immer wieder, die Perspektive zu wechseln und fordern Sie Ihre Mitstreiter beim Change-Projekt ebenfalls dazu auf. Dadurch werden Sie den Change so gestalten, dass er aus unterschiedlichen Blickwinkeln nachvollziehbar wird.

Scheuen Sie sich dabei nicht vor Auseinandersetzungen, sondern betrachten Sie diese eher als eine notwendige Phase beim Projektstart. Unterschiedliche Interessen wird es immer geben, jedoch ist es besser, mögliche daraus resultierende Konflikte gleich zu Beginn auszutragen, als zu spät auf diese zu reagieren.

Checkmark...

... für eine erfolgreiche Förderung des Wandels

- ☐ In welchem Umfeld bewegen wir uns derzeit?
- ☐ Welche Chancen oder welche Bedrohungen resultieren daraus für unser Unternehmen?
- ☐ Was genau ist die Zielsetzung unseres Projektes und was wollen wir konkret bewirken?
- ☐ Mit welcher Strategie und mit welchen Schritten können wir diese Ziele erreichen?
- ☐ Wie weit müssen wir unsere Geschäftsprozesse umstellen, um die Ziele erreichen zu können?
- ☐ Haben wir geeignete Strukturen oder müssen wir in den Change-Prozess auch eine Strukturveränderung mit einbeziehen?
- ☐ Wie können wir Mitarbeiter und Stakeholder darauf vorbereiten und sie überzeugen, Veränderungen mit zu tragen und mit zu gestalten?

Typische Fehler vermeiden

Fehler im Change-Management passieren häufig, selbst in weit entwickelten Unternehmen. Dabei wären die meisten Fehler bei guter Planung und mit entsprechendem Know-how vermeidbar. Auf vier typische Fehler gehe ich kurz ein.

Kaltstart

Veränderungsprozesse werden mitunter in Hinterzimmern von Entscheidern und Beratern im Geheimen entwickelt und beschlossen. Die festgelegten Veränderungen werden ohne Vorankündigung mitgeteilt und durchgesetzt. Betroffene werden an der Planung nicht beteiligt, sondern vor vollendete Tatsachen gestellt. Die Veränderung bricht wie ein heftiges Gewitter über die Beteiligten ein, sie fühlen sich übergangen. Kein Wunder, dass hier Widerstand entsteht. Führungskräfte und Berater wählen ganz gezielt den Kaltstart, weil sie ihr Vorhaben nicht zu früh offen legen wollen und zwar aus zwei Gründen. Erstens, sie können die Reaktion der Beteiligten nicht voraussehen und haben Angst vor unangenehmen Situationen. Zweitens, sie haben Angst vor Kontrollverlust und wollen den Eindruck erwecken, dass sie alles im Griff haben. Wenn Sie dagegen einen idealen Start gewährleisten wollen, dann beziehen Sie die Betroffenen von Anfang an mit ein. Beachten Sie bitte dabei wichtige Aspekte der Aufwärmphase. Stellen Sie sicher, dass allen Betroffen klar ist, warum die Veränderung notwendig ist. Schaffen Sie ein echtes Problembewusstsein und vermitteln Sie die notwendigen Informationen. Verdeutlichen Sie das Ziel und die Schritte dahin, etwa mit einer lebhaften Change-Story. Stellen Sie die Initiatoren und die Mitglieder des Change-Teams vor und schaffen Sie dadurch Vertrauen.

Einzelkämpfer

Die zweite große Gefahr besteht für Change-Projekte darin, keine verantwortlichen Mitstreiter zu haben. Sie brauchen jedoch Vertrauenspersonen, die das Projekt als das ihre ansehen. Ich erlebe immer wieder, dass Mitarbeiter fertige Konzepte ohne weitere Kommentare vorgelegt bekommen. Wenn diese Mitarbeiter nicht von Anfang an involviert sind, werden sie das Projekt nicht als das ihre betrachten und damit auch keine Verantwortung übernehmen. Promotoren können auch externe Berater sein. Bereiten Sie als Kapitän Ihre Crew diplomatisch darauf vor, Lotsen mit ins Boot zu holen.

Diktatur

Bisweilen geben Führungskräfte vor: „Wir hier oben an der Unternehmensspitze wissen, was zu tun ist. Wir haben die Mittel zur Durchsetzung." Mitarbeiter werden dabei zu rein ausführenden Personen bzw. zu reinen Zuschauern. Das ist ein mechanistisches Menschenbild. Diskussionen sind unerwünscht. Auch in diesem Fall können Sie nicht damit rechnen, dass Veränderungen greifen werden. Sprechen Sie mit Ihren Mitarbeitern und gewinnen Sie daraus Erkenntnisse, welche Ihnen während des Veränderungsprozesses als hilfreiche Unterstützung dienen können.

Hidden Agenda

Kommen wir zu einem weiteren Fehler, der sogenannten Hidden Agenda. Angenommen, es muss die Mitarbeiterzahl abgebaut werden, dies möchte die Führungskraft jedoch nicht direkt kundtun. Stattdessen drückt sie aus, dass die Geschäftsprozesse „optimiert" werden. Jeder weiß dann doch sofort, was wirklich dahintersteckt. Viele Führungskräfte trauen sich nicht, die Wahrheit auf den Tisch zu bringen, weil sie Angst vor Auseinandersetzungen haben. Legen Sie die Karten lieber gleich auf den Tisch und nennen Sie die Fakten. Sie werden auf diese Art zwar keine Konflikte vermeiden können, jedoch zahlen sich Offenheit und Ehrlichkeit am Ende immer aus und stärken das Vertrauensverhältnis.

Wie Führungskräfte Innovationen fördern oder verhindern

Im Jahr 1975 wurde der erste Prototyp einer Digitalkamera entwickelt. Sie war langsam, schwer und mit 0,1 Megapixeln Auflösung nicht sehr leistungsfähig. Aber sie funktionierte. Sie wurde in einem Unternehmen erfunden, das in der Welt der Fotografie eine bekannte Größe verkörperte: Kodak. Doch genau dies war das Problem. Das Management von Kodak glaubte, mit dieser Innovation seine Geldquelle der Analogfotografie zu gefährden. Ironie des Schicksals: Statt zum Vorreiter in der Digitalfotografie zu werden, verpasste Kodak den Trend und wurde zu seinem eigenen Opfer, als der Konzern 2012 Insolvenz anmelden musste. Viele rufen lautstark nach Innovationen und fordern, „out of the box" zu denken. Oft klingt das so, als seien die Mitarbeiter ideenlos. Viel wahrscheinlicher ist jedoch, dass es in jedem Unternehmen Mitarbeiter mit exzellenten Ideen gibt. Es stellt sich demnach die Frage, ob es einen Mangel an Ideen gibt oder ob nicht der fehlende Umgang mit der Kreativität der Mitarbeiter das eigentliche Problem darstellt.

Das Paradoxon des Ideenmanagements

„In den Köpfen der Mitarbeiter schlummern Milliarden!" Gemeint sind die Ideen der Mitarbeiter. Vom Ideenmanagement wollen alle Unternehmen profitieren. Durch die Kreativität der eigenen Mitarbeiter soll das Unternehmen innovativer werden. Wer diese Potentiale nicht ausschöpft, verpasst die Möglichkeit zur kontinuierlichen Weiterentwicklung. Entstanden ist dies bereits vor Jahrzehnten und wurde als „Betriebliches Vorschlagswesen" eingeführt. Heute werden hier Begriffe wie Ideen- bzw. Innovationsmanagement verwendet. Laut allgemeiner Definition ist Innovationsmanagement die systematische Planung, Steuerung und Kontrolle von Innovationen in Organisationen. Der Schwerpunkt liegt bei dieser Aussage auf der Planung. Demnach müsste Kreativität planbar sein und somit gesteuert und kontrolliert werden können. In Fachzeitschriften wird oftmals die Meinung vertreten, dass kleine und mittelständische Unternehmen nicht in der Lage wären, solche Strukturen aufzubauen. Offenbar könnten nur Großkonzerne ein effektives Ideenmanagement etablieren. Wer führt jedoch herausragende Veränderungen ein und bringt wirkliche Innovationen auf den Markt? Sind das tatsächlich die großen etablierten Konzerne oder sind es eher die Kleinen High-Tech-Unternehmen? Mein Eindruck ist, dass manche glauben, kleinen und mittelständischen Unternehmen unbedingt ein solches Ideen-, Kreativitäts- oder Innovationsmanagement andrehen zu müssen. Meiner Meinung nach ist es gar nicht notwendig bei KMUs diese Prinzipien einzuführen, da diese schon immer danach gearbeitet haben. Bill Gates, der Gründer von Microsoft, konnte seine Visionen auch nur mit Hilfe seiner kreativen Mitarbeiter in seinem anfänglichen Kleinbetrieb umsetzen.

Innovationsmanagement-Systeme setzen die großen Firmen angeblich erfolgreich ein. So postuliert beispielsweise BASF, dass durch das Ideenmanagement die Wettbewerbsfähigkeit gesteigert und die Abläufe optimiert würden. Insgesamt seien innerhalb eines Geschäftsjahres von rund 12.000 Mitarbeitern etwa 19.000 Ideen eingereicht worden. Die Umsetzung von vielen dieser Ideen hätte 33,2 Millionen EUR erbracht, davon wären ca. 10% als Prämie an diejenigen Mitarbeiter ausbezahlt worden, deren Ideen realisiert wurden. Bei Daimler reduzierte man dank der Mitarbeiterideen - eigenen Angaben zufolge - fast 75 Millionen EUR an Kosten in einem Jahr.

Aber wie sieht es wirklich aus? Wenn ein systematisches Ideenmanagement eingeführt wird, reichen Mitarbeiter ihre Ideen an einer zentralen Stelle ein. In dieser Sammelstelle werden die Ideen bewertet. Für jeden umgesetzten Verbesserungsvorschlag erhält der jeweilige Mitarbeiter eine Prämie.

Offensichtlich geht das obere Management davon aus, dass Mitarbeiter ohne monetäre Anreize gedanklich passiv bleiben. Die Systematik bezahlter Ideen wird mittelfristig jedoch keine nachhaltige Wirksamkeit zeigen. Typischerweise steigt zu Beginn die Anzahl eingereichter Ideen. Das Management folgert daraus, dass das Unternehmen dadurch stetig innovativer und erfolgreicher würde, was durch Pressemitteilungen und Öffentlichkeitsarbeit den Share- und Stakeholdern positiv verkauft wird. Ähnlich wie bei anderen Methoden zur extrinsischen Motivation funktionieren Prämien- oder Bonussysteme jedoch nur kurzfristig. Auf lange Sicht wird sich die gutgemeinte Vision einer systematischen Ideenfindung in ein Bürokratie-System verwandeln. Mit der Zeit wird jede Selbstverständlichkeit als Idee ausgegeben, um möglichst einen Bonus zu erhalten. Ohne diesen Bürokratismus würden die Mitarbeiter diese Pseudo-Ideen im normalen Tagesablauf ohnehin umsetzen. Darüber hinaus treten zahlreiche Folgeprobleme auf. Das Ideenmanagement darf z.B. nicht zu viele Ideen ablehnen, selbst wenn diese trivial sind, da sonst das seitens des Vorstands vorgegebene Ideen-Kontingent nicht erfüllt wird. Werden diese banalen Ideen jedoch umgesetzt, kann keine Verbesserung entstehen, was den Vorgaben des Managements ebenso wenig entspricht. Wenn Bonuszahlungen so einfach zu erreichen sind, werden keine wahren Ideen mehr entwickelt und Phlegmatismus stellt sich ein. Wenn alle Banalitäten ausgeschöpft sind, nimmt die Anzahl der Vorschläge logischerweise ab. Das Ideenmanagement wird somit ineffektiver und auch teurer als gedacht, weil zusätzliche Mitarbeiter für die Gedankenkommandozentrale eingestellt wurden. Damit stellt sich die Rentabilität eines solchen Systems grundsätzlich in Frage. Um die eigene Existenz der Abteilung „Think-Tank" nicht zu gefährden, wird der Versuch unternommen, nun Ideenmanagement per Dekret einzuführen und die Verantwortung dafür dem mittleren Management zu übertragen. Abteilungs- und Gruppenleiter sollen ihre Mitarbeiter dazu bringen, regelmäßig eine vorgegebene Anzahl von Vorschlägen einzubringen. Ideenfindungsprozesse sind jedoch keine Akkordarbeit und können nicht nach einem Top-Down-Prinzip verordnet werden.

Selbst wenn von renommierten Fachzeitschriften das Innovationsmanagement als das Non-Plus-Ultra dargestellt wird und dazu auch noch kontraproduktive Anleitungen gegeben werden, sollten Sie besser Ihrem gesunden Menschenverstand vertrauen. Seien Sie vorsichtig bei der Einführung derartiger Systeme in Ihrem Unternehmen. Sofern Sie ein solches System bereits einsetzen, rate ich dringend zu einer Kosten-Nutzen-Analyse unter Rentabilitätsaspekten. Also, geschätzte mittelständische Unternehmer: Seien Sie froh, wenn Sie solche Systeme nicht in Ihrem Unternehmen implantiert haben. Lassen Sie sich nicht einreden, dass sie das unbedingt bräuchten.

Kreativität braucht Freiraum

Entscheidend ist ein Umfeld, das Ideen fördert. Nur eine angstfreie Führungskultur kann Kreativität im Unternehmen gewährleisten. Daran hapert es immer noch. Laut Professorin Teresa Amabile von der Harvard Universität wird Kreativität viel häufiger getötet als gefördert. Um kurzfristige geschäftliche Ziele zu erreichen, werden Strukturen entwickelt, die systematisch Kreativität zerstören. Besonders kritisch ist es, wenn Unternehmen einen Großteil ihrer Energie zur übertriebenen Risikominimierung verwenden. Dieses Sicherheitsdenken zieht sich nach und nach durch das gesamte Unternehmen. Da wundert es nicht, dass wirklich bahnbrechende Ideen nicht in Konzernen entstehen, sondern in den Köpfen von Querdenkern. Diese finden sich selten in großen Unternehmen, sondern eher in agilen kleinen und mittleren Firmen. Die schwerfälligen Dinosaurier sind irgendwann ausgestorben, wohingegen die kleinen und schnelleren Säugetiere überlebt haben. Laut dem Autor der Studie „Corporate Creativity", Jens-Uwe Meyer, liegt ein Denkfehler im Prozess- und Strukturdenken vieler Manager: „Prozesse sind gut und wichtig, wenn es darum geht, das operative Geschäft voran zu treiben. Mit den gleichen Methoden jedoch lassen sich keine neuen Ideen entwickeln." Google erlaubt seinen Mitarbeitern mit dem Innovationskonzept Google X, 20 Prozent ihrer Arbeitszeit zur Weiterentwicklung von besonders zukunftsfähigen Ideen einzusetzen. Auch 3M ermöglicht seinen Mitarbeitern, sich einige Stunden ihrer Arbeitszeit pro Woche mit eigenen Projekten und Ideen auseinander zu setzen. Die Innovationsfreudigkeit dieser Unternehmen zeigt, dass dieses Vorgehen langfristig erfolgversprechend ist. Allerdings bedarf es einer Führungskultur des Vertrauens in die eigenen Mitarbeiter. Fast jeder Mitarbeiter eines Unternehmens macht sich gelegentlich Gedanken, was in seinem Umfeld verbessert werden müsste. Gerade diese kleinen Verbesserungen sind es, die den großen Unterschied ausmachen. Wenn das Unternehmen sie umsetzen würde, könnten diese Veränderungen später vielleicht der entscheidende Wettbewerbsvorteil sein. Häufig werden die Ideen der Mitarbeiter im Tagesgeschäft nicht gewürdigt. Dann werden auch sporadische Meetings, in denen zum „Brainstorming" aufgerufen wird, überflüssig. In einigen Unternehmen herrscht die Einstellung, dass gute Ideen ausschließlich von der Führungskraft kommen. Das ist verständlicherweise nicht sehr motivierend für die Mitarbeiter. Es führt zu einer Einstellung der inneren Kündigung. In einer solchen Umgebung kann sich Kreativität nicht entfalten. Diese Situationen erinnern mich an einen Satz von Antoine de Saint Exupéry: „In jedem Menschen steckt etwas von einem ermordeten Mozart."

Verteilen Sie „Brillen gegen Betriebsblindheit"

Signalisieren Sie Ihren Mitarbeitern, dass deren Ideen nicht nur gewünscht, sondern auch gewürdigt werden. Doch was ist überhaupt eine gute Idee? Für mich ist eine gute Idee im agilen Zeitalter ein harmonischer „Vierklang": selbst vorgeschlagen, selbst geplant, selbst kalkuliert und selbst umgesetzt. Wir haben in unserem Unternehmen KVP (Kontinuierlicher Verbesserungsprozess) und KIP (Kontinuierlicher Innovationsprozess) implementiert. Wir treffen uns vierteljährlich für eineinhalb bis zwei Stunden, nicht etwa, um uns Ideen und Verbesserungen in diesem Meeting zu überlegen, sondern um die Ideen, die jeder Einzelne unterjährig bzw. zwischen den Meetings entwickelt oder vielleicht sogar schon umgesetzt hat, zu besprechen und vorzustellen. Sobald jemand eine Idee hat, wird diese ganz einfach und unbürokratisch in einem Evernote-Chat eingetragen. Das ist gleichzeitig die Agenda für das Meeting. Mit dem klaren Blick durch diese neue Brille vermeiden Sie ein eingeschränktes Sichtfeld und vertreiben den Nebel der Betriebsblindheit.

Die Führungskultur ist entscheidend

Ich kann aus eigener Erfahrung von meinen Mitarbeitern mit voller Überzeugung sagen, dass Menschen aus sich heraus motiviert und kreativ sind, wenn sie in einem Umfeld arbeiten, wo Kreativität erwünscht ist und unterstützt wird. Um kreativ sein zu können, braucht es neben Phantasie, Vorstellungsvermögen und Neugier vor allem Mut und Flexibilität. Kreativität verlangt Mut, weil eine neue Idee zu verfolgen, auch zu Fehlern und Misserfolg führen kann. Wenn Sie kreative Mitarbeiter wollen, etablieren Sie eine Kultur, die Fehler und Misserfolg toleriert. Menschen sind gerne kreativ, wenn sie es sein dürfen und wenn sie nicht dafür bestraft werden. Angst führt nicht zu Geistesblitzen. Kreativität ist wie eine Pflanze. Damit sie wachsen kann, muss ihr Platz und Freiraum gegeben werden. Ideen brauchen Zeit. Um kreativ sein zu können, erlauben Sie Ihren Mitarbeitern hin und wieder Ablenkung zu suchen und aus der täglichen Routine auszubrechen. Steve Johnson beschreibt es in dem anschaulichen YouTube-Video „Where good ideas come from" folgendermaßen: „Die meisten guten Ideen liegen in der Verknüpfung einzelner Gedanken über einen längeren Zeitraum. Ideen müssen diskutiert werden. Große Ideen ergeben sich erst im Zusammenspiel vieler kleiner Inspirationen. Der geniale Moment als Geburt einer herausragenden Idee ist also eher die Ausnahme."

Doch was geschieht, wenn die Innovation das bestehende Geschäftsmodell scheinbar oder tatsächlich gefährdet? Blicken wir nochmals auf Kodak. Die Digitalkamera wurde als Gefahr des aktuellen Geschäftsmodells angesehen. Diese Einschätzung war grundsätzlich korrekt. Die Wirtschaftsgeschichte ist voll von Unternehmen, die einen neuen Trend verpasst und an einem alten Geschäftsmodell festgehalten haben, bis sie entweder aufgeben mussten oder für einen symbolischen Preis verkauft wurden. Nur wenige schaffen es, sich selbst neu zu erfinden und alles, woran man über Jahre und Jahrzehnte geglaubt hat, auf den Prüfstand zu stellen. Natürlich ist es ein heikles Unterfangen, wenn Mitarbeiter Ideen entwickeln, durch die der Goldesel der Firma tangiert würde. Es geht nicht darum, jeder Idee Tür und Tor zu öffnen. Wichtig ist vielmehr, ob das Unternehmen ein Klima schafft, in dem die „verbotenen" Gedanken gedacht und ausgesprochen werden dürfen. Ein Klima, in dem Führungskräfte bis hin zur obersten Geschäftsführung kontinuierlich nach Möglichkeiten suchen, das Unternehmen auch für die nächsten 10 oder 20 Jahre fit für den Markt zu machen. Dann müssen sie auch für Ideen offen sein, die dem heutigen Geschäftsmodell widersprechen. Werden Daimler-Benz, Ford oder Porsche in 20 Jahren noch Autos bauen? Werden diese noch gekauft? Vermutlich schon. So wie heute? Nur noch zum Teil. Tesla hat die meisten Regeln der Automobilherstellung gebrochen, weil es sie nicht kannte. Eigentlich hat das Unternehmen einen Computer auf Rädern gebaut. Alle anderen Automobilhersteller fertigen mehr oder weniger Motoren, mit einem immer größeren Drumherum, und stoßen damit ständig an ihre Grenzen. Denken Sie an den Diesel-Skandal. Würde ein Mitarbeiter dieser Hersteller Unterstützung für eine Idee bekommen, die der heutigen Vorgehensweise komplett entgegensteht? Was würde gar mit ihm passieren, wenn er eine Geschäftsidee hätte, bei der das Bauen von Autos nur noch Nebensache und die Nutzung der Mobilitätsdaten der gesamten Flotte das neue Geschäftsmodell wäre? Er würde vermutlich skeptische Blicke ernten. Noch wahrscheinlicher ist jedoch, dass er von seiner Führungskraft zu hören bekommt: „Hast du nichts Besseres zu tun? Das ist doch Blödsinn, wir bauen Autos, Punkt."

Vom Mitarbeiter und Querdenker zum Unternehmer

Ein kleiner Teil der Mitarbeiter, deren Ideen von ihren Vorgesetzten abgelehnt wurden, akzeptiert dies nicht und macht sich selbständig. So war es beispielsweise bei SAP, das 1972 von Aus- bzw. Umsteigern gegründet wurde. Zwar ist nicht jede Idee unbedingt gut, vor allem nicht jede revolutionäre, aber man kann dies erst dann entscheiden, wenn sie wirklich analysiert wurde. Eine Aussage wie „Das haben wir noch nie gemacht", zeigt, dass keine Analyse stattgefunden hat. Wie wäre es jedoch, wenn es einen separaten internen Prozess gäbe, der für ebensolche „geschäftsgefährdenden Ideen" eingerichtet würde, entkoppelt und mit einem Entscheidungsgremium besetzt, das diese Ideen auf ihre Zukunftsfähigkeit mit einem Horizont von 10 bis 20 Jahren prüft? Wird dieses Gremium auch mit einem eigenen Budget versehen, um geeignete Anregungen erproben zu können, wäre dies ein guter Anfang. Alphabet, die 2015 gegründete Muttergesellschaft des Suchmaschinengiganten Google, arbeitet kontinuierlich daran, neue Geschäftsmodelle zu finden. Denn den beiden Google-Gründern Sergey Brin und Larry Page ist klar, dass die heute sprudelnde Geldquelle eines Tages versiegen wird. Also arbeiten sie mit Hochdruck daran, Hunderte von Ideen zu verfolgen, von denen am Ende eine Handvoll zu neuen Goldeseln werden soll. Was Alphabet von den meisten Unternehmen unterscheidet, ist, dass sie schon am Aufbau neuer Geschäftsmodelle arbeiten, während das Stammgeschäft noch die größten Gewinne abwirft. Wenn ein Unternehmen tatsächlich Innovation einfordert, muss es darauf vorbereitet sein, dass manche Ideen das aktuelle Geschäftsmodell gefährden. Langfristig agierende Unternehmen und Führungskräfte nehmen solche Vorschläge besonders ernst und schaffen einen Raum, in dem auch verbotene Ideen getestet und umgesetzt werden können. Denn es ist immer besser, die Geschwindigkeit des Niedergangs eines aktuellen Geschäftsmodells selbst zu kontrollieren und parallel dazu ein neues aufzubauen, als von der Konkurrenz überholt und langfristig vernichtet zu werden. Wer Innovationen verlangt, muss parallel zur Arbeit an neuen Ideen auch die Hindernisse für Innovationen im Unternehmen finden und sie aus dem Weg räumen. Ein großer Teil der Hürden steckt übrigens in den Köpfen von Menschen, beispielsweise in Form festgefahrener Denkmuster oder der Angst vor Rückschlägen. Daher tun Führungskräfte gut daran, sich selbst und den von ihnen geführten Mitarbeitern regelmäßig die Frage zu stellen, ob sie Innovationen fördern oder verhindern. Insbesondere unbewusstes Verhalten ist hierbei eine Falle, in die viele sehr leicht hineintappen.

„Wenn die Lust zum Zwang wird, fehlt bald die Phantasie."
(Rainhard Fendrich, österreichischer Liedermacher)

Checkmark...

... zur Förderung von Innovationen

Organisation

- ☐ Gibt es einen einfachen Prozess, über den Ideen eingereicht und bewertet werden?
- ☐ Gibt es ein Gremium mit einem guten Mix an Erfahrung, Optimismus, Kritikfähigkeit und Wissen, das diese Ideen bewertet?
- ☐ Sitzen in diesem Gremium auch Personen mit sehr engem Draht zu den Endkunden?

Zeit

- ☐ Wissen alle Mitarbeiter, wie lange sie während ihrer regulären Arbeitszeit an Ideen und Innovationen arbeiten können, sollen oder dürfen?
- ☐ Gibt es definierte, regelmäßige Termine, an denen das Gremium die eingereichten Ideen bewertet und werden diese Termine eingehalten?
- ☐ Erhalten Mitarbeiter zeitnah nachvollziehbare Rückmeldungen zu ihren Vorschlägen?

Budget

- ☐ Gibt es Budgets, mittels derer Ideen weiter verfolgt und getestet werden können?
- ☐ Gibt es nachvollziehbare Kriterien, um die Budgets genehmigt zu bekommen?
- ☐ Sind diese Budgets soweit wie möglich frei von Controlling-Zwängen?

Kultur

- ☐ Feiern Sie Erfolge und die Anstrengungen, die auf dem Weg unternommen wurden?
- ☐ Gehen Sie offen mit Misserfolgen um, analysieren Sie diese und ermutigen Sie die beteiligten Mitarbeiter, weiterhin Ideen vorzubringen?
- ☐ Fördern Sie die Entwicklung von Ideen in bereichsübergreifenden Teams?
- ☐ Werden Ideen, die den Status Quo und das bisherige Geschäftsmodell in Frage stellen, genauso gefördert wie Verbesserungsvorschläge?

Wenn wir die Gedanken zum Themenkomplex Ideenmanagement zusammenfassen, dann stellt sich heraus, dass ein derartiger Bürokratismus gar nicht notwendig ist, wenn eine grundsätzliche Maxime konsequent beachtet wird. Und die heißt Selbst.Bewusst.Führen.®

Wenn richtig geführt wird, erhalten die Mitarbeiter alles, was sie benötigen, um den Zukunftserfolg der eigenen Abteilung und somit auch des gesamten Unternehmens zu sichern. Wertschätzung führt dazu, dass die Mitarbeiter bereitwillig neue Ideen liefern, sich dabei wohl und anerkannt fühlen und sich - so ganz nebenbei - selbst ihren Arbeitsplatz sichern. Dadurch erkennen Mitarbeiter ihre eigenen Stärken in besonderem Maße. Teamfähigkeit und produktive Zusammenarbeit entstehen automatisch. Wenn die Führungskraft allen diesen Aufgaben gerecht wird, resultiert daraus Selbstmotivation, die der Motor eines jeden Veränderungsprozesses ist.

Die Zukunft der Führung - Häuptling oder doch mehr Indianer?

Der schwierige Pfad

Lake George, Nordamerika, 1754. Ein feiner Nebel lag im kühlen Oktobermorgen nur knapp über dem See, den Ufern und den dichten Laubwäldern in der Umgebung. Über dem Wasser stiegen kleine Nebelwirbel auf, die an den Rauch von unzähligen Lagerfeuern erinnerten. Das Dickicht und die Wurzeln der Bäume waren von schleierhaften, weißen Vorhängen bedeckt, die nach oben hin immer feiner wurden, um sich dann langsam aufzulösen. Es versprach wieder, ein klarer Tag im Indian Summer zu werden. Das Laub der Bäume war noch vom Tau der Nacht bedeckt und zaghafte Sonnenstrahlen ließen die Ahorn-Wälder ringsherum bereits in den buntesten Farben in allen Facetten von goldenem Gelb bis zu einem tiefem Rot leuchten. Das britische Fort lag auf einer großen halbkreisförmigen Lichtung am östlichen Seeufer. Das Ende des Sees war von hier aus nicht auszumachen und der aufsteigende Nebel ging am Horizont nahtlos in den blaugrauen Himmel über. Der Blick in die Ferne war wie der mühsame Versuch, eine unsichtbare Grenze zwischen dem Boden und einem imaginären Nichts ziehen zu wollen. Noch waren die Konturen in der Ferne nur verschwommene Schemen in einem weiten magischen Zauberland. Die Lichtung erwachte langsam zum Leben und die Nachtwachen auf den Palisaden freuten sich bereits über ihre Ablösung und eine heiße Tasse Tee. Oberst George Munro war als Kommandant verantwortlich für seine relativ kleine Truppe britischer Soldaten. Er legte sich wie jeden Morgen zur selben Zeit seinen roten Offiziersrock an, hüllte sich in einen wärmenden Mantel, setzte sich den Dreispitz auf sein Haupt und achtete peinlich genau darauf, dass sein Degen richtig saß und seine polierten Stiefel glänzten, was sich in Anbetracht des feuchten und schlammigen Bodens im Hof des Forts alsbald ändern würde. Doch der Morgenappell stand kurz bevor und als Führungskraft war für ihn stets ein korrekter Auftritt und ein seiner Stellung angebrachtes äußeres Erscheinungsbild von hoher Bedeutung. Er trat heraus auf die Holzbohlen der einfachen Veranda seines Hauptquartiers und betrachtete die Baracken seiner Untergebenen. Noch war ein wenig Zeit, bevor er seine täglichen Motivationsparolen und die Verlautbarungen der Truppenführung im fernen Boston von sich geben musste. Die Depeschen seiner Vorgesetzten erreichten ihn stets am Vorabend des Appells und waren dann schon einige Tage alt. Bis nach Bosten waren es immerhin etwa 320 Kilometer und die Anweisungen sowie die Briefe an die einzelnen Soldaten einer Truppe brauchten bis zu ihrem Eintreffen eben eine gewisse Zeit.

Die neuesten Nachrichten verhießen nichts Gutes. Es zeichnete sich ein baldiger Krieg um die koloniale Vorherrschaft in Nordamerika zwischen Briten und Franzosen ab. Munro war nicht gerne der Überbringer schlechter Nachrichten, doch wenn es tatsächlich zu einer kriegerischen Auseinandersetzung kommen sollte, dann standen er und seine Soldaten auf einem verlorenen Posten, weit außerhalb der Einflussgebiete und der Reichweite seiner Landsleute. Das Fort „William Henry" war nach dem gleichnamigen englischen Prinzen, einem Enkel des britischen Königs Georgs II., benannt und sollte in den kommenden Monaten ausgebaut und stärker befestigt werden. Das wollte er seinen Untergebenen verkünden, um die vorhandene Ungewissheit und die damit einhergehenden Ängste vor einer möglichen Konfrontation mit dem mächtigen Frankreich ein Stück weit zu nehmen. Seine Botschaft würde wie eine hoffnungsvolle Durchhalteparole lauten: „Wir bauen unser Fort aus und machen es sicherer. Bautrupps, Material, Waffen und Verstärkung sind bereits unterwegs. Ein Krieg ist möglich, aber vielleicht kann dieser noch rechtzeitig verhindert werden. In Frankreich finden gerade bilaterale diplomatische Verhandlungen zwischen den Königshäusern statt. Hoffen wir das Beste. Unser König vertraut unseren Fähigkeiten!" So ein Blödsinn! Der Krieg stand unmittelbar bevor und Politikern im fernen Europa konnte man ebenso wenig vertrauen wie den Indianern, die sich schon seit Wochen in gebührendem Abstand um das Fort aufhielten und deren Absichten niemand einzuschätzen vermochte. Die Welt war in Wandel und Aufruhr begriffen. Zwischen den großen Nationen tobten bittere Auseinandersetzungen um Rohstoffe und Glaubensrichtungen. In Mitteleuropa hatten vor gerade einmal hundert Jahren Glaubenskriege zwischen Protestanten und Katholiken innerhalb von 30 Jahren Millionen von Opfern gefordert. Bauernaufstände wurden niedergeschlagen, in Frankreich zeichnete sich eine Revolution gegen den Adel ab und das osmanische Reich hatte die Außengrenzen Österreichs bedroht. Offenbar standen alle unter einem enormen Expansionsdruck, was auch an den zunehmenden Bevölkerungszahlen lag. Menschen hungerten und wünschten sich mehr Freiheiten. Den einzelnen Nationen blieb nur der Glaube an die eigene Stärke und es wurde ein Höchstmaß an Corporate Identity und Identifikation mit den Machthabern im eigenen Land betrieben. Nach ihrem König

George war der Lake George benannt. Munro selbst hieß mit Vornamen ebenfalls George und im südlichen Virginia hatte ein junger, vielversprechender General namens George Washington das Kommando über die britischen Kolonialtruppen übernommen und rüstete die Kolonien waffentechnisch immer weiter auf. Jeder zweite Mann hieß „George", um dem König zu huldigen und so ein fiktives Band mit der Heimat, dem Königreich und dem eigenen Selbstverständnis zu schaffen. Dieses stellte Oberst George Munro so langsam in Frage. Wo blieben denn nach all den Depeschen und Mitteilungen die Taten seines Königs? In zunehmendem Maße bröckelte seine Wertvorstellung angesichts des Zahns der Zeit so zusammen wie sein Selbstbewusstsein, sein Führungswille und die Weltordnung um ihn herum. Er fühlte sich alleingelassen, verbarg seine Enttäuschung und seine Zweifel jedoch vor seinen Soldaten, was ihm mit den Jahren immer schwerer fiel. Von seiner ehemaligen Aufbruchstimmung und seinen Sehnsüchten war kaum mehr etwas übrig geblieben. Er war auf der Suche nach Frieden und Freiheit in dieses fremde Land gekommen. Nun stand er da als Gefangener seines Kulturkreises und eingeschlossen in seinem Fort, belagert an allen Fronten und einsam am Rand, weit weg von der Heimat in unbekanntem Terrain. Er fragte sich, wozu die ganzen territorialen Streitigkeiten denn dienten und vor allem wem? Ihm jedenfalls nicht. Es war nicht sein Land. Warum sollte er es verteidigen? Ein kleiner Hoffnungsschimmer war der Handel mit den Ureinwohnern. Die Pelzbranche boomte und mit umliegenden Indianerstämmen standen Briten und Franzosen in engen Handelsbeziehungen. Die Franzosen waren den Engländern jedoch immer ein Stück voraus und hatten den Stamm der Huronen von reinen Pelzlieferanten als Verbündete im Krieg mit den Briten gewonnen. Aus Händlern waren in kürzester Zeit Söldner und Hilfstruppen geworden. Die Franzosen versprachen den Huronen im Gegenzug Land und Unterstützung gegen die vermeintlichen, englischen Aggressoren. „Was soll das denn?" dachte sich George. „Das Land gehört doch sowieso den Ureinwohnern! Warum sollten diese dann überhaupt einen Teil ihres Landes an Frankreich abgeben um den restlichen Teil behalten zu dürfen? Warum verbündeten sie sich mit den Franzosen, anstatt diese zu bekämpfen?" Von solchen Stellvertreterkriegen hielt Munro gar nichts, doch seine Vorgesetzten hatten ihm befohlen, Kontakte zu Indianerstämmen aufzubauen und diese als Verbündete zu gewinnen, um den Franzosen mehr an „Mannmaterial", wie sie das nannten, entgegensetzen zu können. Die Zeiten hatten sich so rasant gewandelt, dass Munro damit nicht mehr zurechtkam und er den vorgegebenen Strategieansätzen keinen Sinn mehr abgewinnen konnte. Wie weit und wie schnell nach Westen sollte es denn noch gehen? Jetzt waren die Briten schon so weit vorgedrungen, dabei hatten sie erst vor 150 Jahren in Jamestown die erste britische Kolonie in Nordamerika ausgerufen. Nichtsdestoweniger war es Munros Pflicht, neue Kontakte zur einheimischen Bevölkerung zu knüpfen und diese zunächst als Handelspartner zu gewinnen. Hierfür nutzten die Briten unabhängige Freelancer als Pfadfinder und Fährtensucher, die als Trapper selbständig und auf eigenes Risiko unterwegs waren, um mögliche Partner auszuspähen und Verhandlungen mit deren Häuptlingen einzuleiten. Diese Trapper sprachen auch Algonkin, die Sprache der nordamerikanischen Ureinwohner. George Munro sah auf zur Flagge der Briten, die in der Windstille des Morgennebels bewegungslos am Fahnenmast hing. Munro seufzte.

Nahe am Ufer des Sees, versteckt zwischen Bäumen und Sträuchern, beobachtete Uncas, ein Irokese vom Stamme der Mohican das Fort auf der Lichtung. Das tat er schon wochenlang. Offenbar hatten ihn die Briten wohl bemerkt, aber weiter keine Notiz von ihm genommen. Bald würde der weiße Häuptling wieder zu seinem Stamm sprechen. Das tat er jeden Morgen. Viele Worte konnte Uncas verstehen. Ein Trapper hatte ihm die englische Sprache beigebracht und im Gegenzug hatte er diesen in Algonkin unterwiesen und ihm die Kultur und Denkweise sowie den Glauben seines Volkes nahegebracht. Sein Stamm lebte in unsicheren Zeiten und niemand wusste, wie die Zukunft für die Mohican aussehen würde. Die Fremden aus dem Osten wurden immer zahlreicher. Überall waren feste Wigwams aus dem Holz seiner Wälder entstanden, welche die Männer der Reihe nach abholzten, um immer mehr Platz für sich zu schaffen und seltsame Dörfer zu gründen. Der Schamane seines Stammes hatte einmal behauptet, die Fremden seien über das große Wasser aus dem Lauf der aufgehenden Sonne gekommen. Das konnte er nicht glauben. Da gab es doch kein Land. Oder doch? In ihm stieg Furcht vor dem unbekannten Volk auf. Sie trugen bizarre Gewänder und hatten magische Waffen. Einmal hatte er beobachtet, wie ein Trapper einen Rehbock ohne Speer oder Pfeil und Bogen erlegt hatte. Der Trapper stopfte ein unbekanntes Wunderpulver in ein offenbar hohles, hölzernes aber schweres Rohr und entzündete nur mit dem Daumen einen kleinen Funken. Am Ende des Rohres sah er eine kleine Rauchwolke und nach einem ohrenbetäubenden Knall brach die Beute offenbar durch den Schreck des lauten Geräusches bewegungslos zusammen. Uncas kannte nur die jahrtausendealten Jagdwaffen seiner Vorfahren und für ein stammeseigenes Innovationsmanagement fehlte einfach die Zeit. Jetzt sah er kleine Waffen, die Feuer spien und noch größere aus einem ihm unbekannten Material, deren Donner den Boden erzittern ließ. Er hatte Angst vor diesen rasanten Veränderungen und den Fremden aus der Ferne. Offensichtlich gab es davon zwei Gruppen, die sich durch die Farbe ihrer entweder roten oder blauen Stammeskleidung unterschieden und auch noch unterschiedliche Sprachen gebrauchten. Diese Gruppen bekriegten sich untereinander genau wie die Mohican und die Huronen. Jeder der Fremden wollte immer mehr Land. Jeder wollte immer mehr Holz. Jeder verlangte nach immer mehr Pelzen. Was wollten die nur mit dem Land? Das gehörte doch allen, auch den Huronen. Er verstand die Welt nicht mehr. Doch er musste jetzt handeln, so schnell wie nur möglich. Die Huronen hatten sich mit einem Teil des fremden Volkes verbrüdert, das die Trapper als „Frenchmen" bezeichneten. „Was für ein unaussprechlicher Name!" sprach der Mohican Uncas vom Volk der Irokesen in Algonkin laut aus. Die Huronen hatten offenbar Schutz bei diesen Frenchmen gefunden und kämpften nun auf deren Seite. Was wäre, wenn die Mohican untätig blieben? Würden Sie dann von dieser Allianz überrollt? Er sorgte sich um das Überleben seines Stammes. Seine Aufgabe war es, neue Kontakte zu knüpfen und in den Rotröcken im Fort vielleicht Verbündete zu finden. Am besten würde dies im ersten Schritt über den Handel mit Pelzen funktionieren. War danach ein gegenseitiges Grundvertrauen aufgebaut, könnte man im nächsten Schritt zu Verhandlungen über strategische Allianzen übergehen, um auf der Seite der Rotröcke gegen die Huronen und die Blauröcke anzugehen. So fasste sich Uncas ein Herz und trat aus dem Schatten der Bäume auf die große und mittlerweile hell erleuchtete Lichtung heraus.

Gerade als Munro zu seiner Rede für den Morgenappell ansetzen wollte, rief ein Soldat vom Palisadenzaun herunter: „Sire, da steht ein Wilder auf der Lichtung!" Munro hatte schon von den Indianern gehört, welche die Briten als wildes und kriegerisches Volk bezeichneten und fürchtete einen frühzeitigen Angriff der Huronen. Er erklomm die Leiter auf den Steg an der Palisade und blickte mit Schrecken zunächst hinüber zu den Schatten am Waldrand. Da war jedoch keine Bewegung auszumachen. Er sah dann auf den Wilden hinunter, der unbewaffnet und alleine mittlerweile direkt vor dem riesigen Tor seines Forts stand. „Holt mir den Trapper Natty und öffnet das Tor!", befahl er. Natty war der einzige im Fort, welcher der Sprache der Einheimischen mächtig war und als Dolmetscher dienen konnte.

Uncas stand vor dem Tor und schluckte unwillkürlich, als sich dieses öffnete. Sein Zittern am Körper konnte er kaum mehr kontrollieren. Würde er nun vom Feuerdonner der Rotröcke erfasst werden? Er dachte an den Rehbock und die Magie des Trappers in seinen Wäldern während der ehemaligen gemeinsamen Jagd. Doch es geschah nichts. Der Häuptling der Rotröcke kam ihm in Begleitung eines in Leder gekleideten Weißen entgegen. Uncas betrat das Fort.

„Natty, übersetze für mich und begrüße erst einmal den Wilden in seiner Sprache. Frage ihn, was er hier will." Natty lächelte Munro an. „Ich glaube, eine Übersetzung ist nicht nötig. Er kann uns gut verstehen." Verblüfft blickte der Kommandant zwischen Natty und dem Indianer hin und her.

Als Uncas den Trapper erkannte, lächelte auch der Mohican. Er bat Natty in der Sprache der Irokesen, ihn dem weißen Häuptling als den „Pfadfinder" vorzustellen, was Natty auch tat.

„Ich bin Uncas vom Stamme der Mohican und dem Volk der Irokesen. Ich komme mit Frieden in den Händen und biete Euch, ehrenwerter Häuptling, die Dienste meines Volkes als Pelztierjäger an. Ich bitte nicht um Eure Entlohnung, sondern lediglich um Euren Schutz vor den Huronen." Uncas Stimme hatte sich gefestigt und nun war mit einem Satz und einem Mal all das gesagt, was ihm seit Wochen sein Totem vermittelt hatte.

Munro fiel ein Stein vom Herzen. Auf diese Chance hatte er lange gewartet. Konnte er seinen Auftrag nun erfüllen? Überdies verlangte der Indianer kein Geld, welches in Anbetracht der beinahe leeren Kriegskassen ebenso ausgegangen war wie der schottische Highland-Whisky zur Aufmunterung seiner Truppe. Und als „Entlohnung" verlangte er lediglich den Schutz vor den Huronen? Das war der Schritt in die Richtung, die ihm sein Oberkommando vorgab. Im Anschluss daran konnte man den Mohican ja auch den Schutz vor den Franzosen anbieten und als Gegenleistung indianische Krieger rekrutieren! Ein Wink des Schicksals mitten in der Wildnis durch „Menschen, die am Wasser wohnen, das immer fließt", wie sich die Mohican in ihrer Sprache nannten. Als erste vertrauensbildende Maßnahme lud Munro Uncas dazu ein, sein Fort, seine Waffen und seine Truppe zu begutachten. Sie nahmen in Munros Hütte Platz und tauschten ihre Gedanken über die sich für beide Kulturen verändernde Welt aus. Munros Morgenappell war längst vergessen. Uncas erläuterte dem weißen Häuptling die Beweggründe für sein Erscheinen im Beisein von Natty, der die Geschichten des Indianers bestätigte und so bot Uncas dem Kommandanten an, ihm seine Welt zu zeigen. „Komm' mit mir, ich werde Dir den Weg zu unserem Volk weisen und Dir den Pfad zu unserer Siedlung offenbaren, die jenseits des stillen Wassers liegt. Nimm den Trapper und drei Deiner Krieger mit. Du brauchst Dich nicht zu ängstigen, denn die Huronen und die Blauröcke sind noch weit entfernt. Wir haben seit Wochen keinen von ihnen mehr erspäht."

Kurzentschlossen machten sich Munro und drei seiner Soldaten, Natty und Uncas noch am selben Tag auf den Weg in das Stammesgebiet der Mohican. Über verschlungene Pfade, die kaum zu erkennen waren und deren Verlauf nur Uncas kannte, folgten sie ihrem Pfadfinder in unbekanntes Terrain. Es gab keinerlei Bedrohungen und der lange Fußmarsch war zwar mühsam, verlief jedoch ruhig. Es wurde nur wenig gesprochen. Auf den Zustand seiner Stiefel achtete Munro nun auch nicht mehr. Es gab Wichtigeres als eine Lederpolitur. Sie erreichten die Siedlung der Mohican am Abend und die Briten waren beeindruckt von der Größe der indianischen Siedlung. Die Indianer wohnten offenbar an festen Orten und hatten ihre Dörfer ebenfalls befestigt. Die Wigwams sahen aus wie große Zelte oder Jurten, die Munro aus Skandinavien kannte. Manche waren aus Holz gebaut und hatten ein halbrundes Dach. Das hatten die Engländer nicht erwartet. „Ich möchte nun gerne mit Deinem Häuptling sprechen, Uncas", bat Munro. „Einen Moment bitte", entgegnete Uncas und betrat ein großes, hölzernes Gebäude, das offensichtlich der Sitz des Anführers war.

Kurze Zeit später trat Uncas wieder aus der Hütte, nur trug er nun ein kostbares Gewand, hatte sich Schmuck und ein Stirnband mit Federn im Haar angelegt. Da wurde es Munro mit einem Schlag klar. Uncas war selbst der Häuptling. Er blickte fragend zu Natty, dem bärtigen Trapper, doch dieser grinste ihn nur wortlos an und nickte kaum merklich. Die Mohican nannten ihn „Lederstrumpf".

Es wurde ein großes Feuer entzündet und Wildbret in Holztellern gereicht. Die Trommeln der Mohican erklangen in einem langsamen, majestätischen Rhythmus im Feuerschein der anbrechenden Nacht. Munro und Uncas blickten sich eine lange Zeit wissend in die Augen und reichten Uncas Friedenspfeife an die Krieger ihrer neugeborenen Allianz der nunmehr gemeinsam partnerschaftlich Verbundenen weiter. Das war das Zeichen der Einigung und eines für beide Seiten erfolgreichen Verhandlungsabschlusses.

Ohne weitere Worte blickten Uncas und Munro in das neu entzündete Feuer in einer für beide Seiten neuen Welt. Beide waren für Ihren Stamm Häuptlinge und zugleich waren sie Indianer und sie waren Pfadfinder für ihre Kulturen.

***

Führung verändert sich. Der Wandel hat längst begonnen und er schreitet unaufhaltsam voran. Doch wohin geht die Reise? Wird es in Zukunft überhaupt noch Führungskräfte geben? Meine Antwort ist ein klares „Jein". Es kommt darauf an, was wir unter Führung und der Rolle von Führungskräften künftig verstehen. Wie könnte die Führung der Zukunft aussehen?

Es gibt eine ganze Reihe von Ursachen für eine Erneuerung des Führungsverständnisses. Einerseits haben sich Rahmenbedingungen und Anforderungen der Märkte verändert, was durch technologische aber auch gesellschaftliche Entwicklungen ausgelöst wurde. Daneben ergeben sich neue Anforderungen an die heutige Arbeitswelt für jeden Mitarbeiter und jede Führungskraft. Ein weiteres Herumdoktern an den alten Zöpfen wird sich keine Organisation dauerhaft mehr leisten können. Da sollte nicht mehr länger laboriert, sondern lieber gleich operiert werden.

Wie wird die Welt in fünf bis zehn Jahren aussehen? Alles wird mit allem vernetzt sein. Die Milch im Kühlschrank bestellt sich selbst, das selbstfahrende Auto meldet sich von alleine zum Kundendienst an und das multimediale Unterhaltungsprogramm erstellt einen Algorithmus entsprechend unserer Vorlieben. Diese zunehmende Digitalisierung wird sich auf unsere Kultur und unsere Arbeit deutlich auswirken. Als Kunde bin ich es heute schon gewohnt, Produkte und Dienstleistungen individuell zugeschnitten zu bekommen. Das heißt, ich bekomme, was ich will, wann ich will, wo ich will und wie ich will. Gleichzeitig ist das Angebot, das ich in Anspruch nehmen kann, nahezu unbegrenzt, woraus beinahe unendlich viele Möglichkeiten für die Maximierung der eigenen Bedürfnisbefriedigung resultieren. Jedoch habe ich als Kunde auch stets die Konsequenzen meines Handelns vor Augen. Denn alles hinterlässt Spuren und diese werden im Internet transparent gemacht und von den Suchmaschinen erfasst. So entsteht ein Profil des gläsernen Menschen. Dies wirkt sich ebenfalls darauf aus, wie ich als Arbeitnehmer meine Arbeit (mit-)gestalten will. Der Wunsch nach individuellen Vereinbarungen wird stetig zunehmen. Denn der Anspruch nach flexibel auf die Person zugeschnittenen Lösungen wird sich ebenfalls auf die tägliche Arbeit übertragen. In einigen Betrieben ist heute schon von lebensphasenorientierter HR-Arbeit die Rede. Diese Personalpolitik wird sich zu einer lebenssituationsorientierten Betrachtung weiterentwickeln. Das heißt, die jeweils aktuelle Lebenssituation wird sich im Erwerbsleben widerspiegeln. Daraus folgt nicht nur ein sich ständig verändernder Arbeitsumfang, sondern die Zunahme zeitlich begrenzter Positionen oder vielmehr Rollen, die ein Mitarbeiter im Laufe seiner Berufstätigkeit übernimmt. Stammplatzgarantien gibt es dann nicht mehr. Ob das aktuell vielfach angepriesene hierarchiefreie Unternehmen kommen wird, wage ich zu bezweifeln. Denn dass gerade größere Organisationen ohne Hierarchie auskommen können, ist eher unwahrscheinlich. Dennoch wird sich in Sachen Hierarchie einiges ändern, denn die Anforderungen der Märkte werden die Vernetzung und Zusammenarbeit von Experten erfordern, und zwar innerbetrieblich wie auch über die Unternehmensgrenzen hinweg. Temporäre Teams festangestellter Mitarbeiter werden durch Freelancer oder durch Projektpartner anderer Organisationen unterstützt. Die Interaktion zwischen Unternehmen und Kunden zur Entwicklung, wie auch zum Vertrieb neuer Produkte und Dienstleistungen werden deutlich zunehmen. Und das bei gleichzeitiger Abnahme der Halbwertszeit erarbeiteter Lösungen. Vergleichbar ist das Ganze mit einer riesigen Kiste voller bunter Legosteine, die immer wieder zu neuen Formen zusammengesetzt werden und dabei nie lange Bestand haben. Bestand haben sollten dabei jedoch die Verbindungselemente. Erst diese ermöglichen es, dass sich die unterschiedlichen Figuren und Elemente unabhängig von ihrer Farbe, Größe oder Form stabil miteinander verbinden lassen. Doch wie sorgen wir dafür, dass die Verbindungselemente kompatibel sind beziehungsweise werden? Genau dafür wird die Führung der Zukunft gebraucht. Der Wandel, der sich vollziehen wird, ist der Wandel vom „Macher" zum „Gestalter". Das heißt, Führungskräfte schaffen keine Fakten mehr, sondern gestalten den Raum, in dem sich Engagement, Ideen und Lösungen entfalten können und somit auch die beteiligten Menschen. Damit dies gelingt, wird sich Führung in den Dienst der Sache stellen. Als Führungskraft wird es dann unsere Aufgabe sein, als Beobachter zu erfassen, was positive oder negative Auswirkungen auf die Wertschöpfung hat. Die Erkenntnisse darüber transparent zu machen, zur Diskussion zu stellen und im Anschluss mit dem Team Lösungen zu erarbeiten, wird die Lernaufgabe jeder Führungskraft sein. Führung ist dann die Begleitung einer kontinuierlichen Entwicklung von Aufgaben, Prozessen und Menschen gleichermaßen. Damit wird Führung komplexer und individueller. Bezogen auf die Organisationen und Menschen, heißt das, dass nicht mehr alle das Gleiche bekommen, sondern jeder das erhält, was er braucht. Dieser Paradigmenwechsel stellt nicht nur Führungskräfte vor Herausforderungen. Auch Gewerkschaften und Betriebsräte müssen ihre Position und Rolle neu definieren. Ansonsten werden sie vom Spielfeld auf die Zuschauertribüne verbannt. Denn Mitarbeiter werden nicht mehr nachvollziehen können und wollen, warum ihre vermeintliche Interessenvertretung einer Gleichbehandlung den Vorrang vor individuellen Lösungen gibt.

Eines wird in modernen Zeiten jedoch immer bleiben: der Mensch. Führung kann nur dann einen positiven Wertbeitrag leisten, wenn die Führungskraft die Akzeptanz des einzelnen Menschen und des gesamten Teams erhält. In der Zukunft werden Mitarbeiter offen kommunizieren und auch einfordern, diejenige Art Führung zu erhalten, die aus ihrer Sicht notwendig ist. Feedback wird dabei die neue Währung. Denn während die Generation der Babyboomer im Job einmal pro Jahr mit einem Feedback zufrieden war, sind die Generationen Y&Z dies nicht mehr. Sie wachsen damit auf, gesehen und berücksichtigt zu werden. Sie erhalten und suchen Feedback für alles, was sie ausmacht, was sie tun und was sie mit der Welt in sozialen Medien teilen. Rückmeldungen werden täglich erwartet. Und genau hier greift das agile Arbeiten. Es geht darum, stets im Auge zu behalten, wo das jeweilige Projekt gerade steht, wo Sie nachjustieren sollten, wo alle sich an neue Umstände anpassen müssen und welche Aufgaben daher anders gemacht oder gar aufgegeben werden sollten. Somit sind permanente, gegenseitige und vertrauensvolle Rückmeldungsprozesse in der am Anfang dieses Buches skizzierten VUKA-Welt elementar.

Wie schaffen Sie die hierfür erforderliche Akzeptanz? Jedes Team hat ein sehr feines Gespür dafür, ob die Führungskraft das Team voranbringt oder nicht. Gelingt es Ihnen, als Führungskraft das Team zu moderieren, als Sparringspartner ein „Geburtshelfer" für Ideenentwicklung zu sein und Räume zu schaffen, die Problemlösungen ermöglichen, dann sehen Sie den Anforderungen der Zukunft offensiv ins Auge. Die Zeiten eines „Vor-Gesetzten" sind schon heute vorbei und die einer Führungskraft "kraft Amtes" auch.

Führen ist heute ein permanentes und bewusstes Wechselspiel, wobei die Führungskraft vom mächtigen Häuptling zum Indianer und Fährtensucher für den richtigen Weg in die Zukunft wird und dieses neue Führungsverständnis auch ohne Federschmuck vorlebt.

Selbst.Bewusst.Führen.® ist „in".

Freuen Sie sich auf diese neue Art von Führung und Zusammenarbeit!

Kuvertüre

Es ist wieder still im Saal der Betriebskantine. Das Publikum hat den Raum längst verlassen. Der Dirigent setzt sich auf einen einsamen Hocker, während der Facility-Manager den Boden wischt, die Tische und Stühle für das Auditorium verschiebt und die Krümel und Reste des Festbanketts entsorgt. Dann wird das Licht gedimmt und nur ein spärliches Spotlight über der Bühne erleuchtet gnadenvoll den Sitzplatz des Dirigenten.

Es war schön, wie immer. Das Betriebsorchester hat gut gespielt, wie immer. Das Publikum hat applaudiert, wie immer. Alle scheinen wohl auch in diesem Jahr wieder zufrieden zu sein, wie immer. „Wird es immer so sein?" sinniert der Dirigent im Selbstgespräch und seufzt. Sollen wir nächstes Jahr etwas Neues wagen? Vielleicht etwas Nicht-Musikalisches? Vielleicht ein Krimi-Dinner, an dem das ganze Publikum teilnehmen kann, um herauszufinden, wer uns im laufenden Geschäftsjahr wieder die Aufträge abspenstig gemacht hat? Oder ein Improvisationstheater? Das wäre doch prima, denn das brauchen wir nicht einmal zu üben. Das wäre nichts Neues. Wir machen schließlich jeden Tag im Betrieb ein Improvisationstheater. „Ich glaube, ich werde einmal die Mitarbeiter, die Kunden, Lieferanten und Aktionäre dazu befragen." Er steht langsam auf und verlässt die heutige Bühne. Die Lichter erlöschen und es wird dunkel im Saal. Nur die grünen „Exit-Wegweiser" leuchten noch. Wie immer.

Wir sind gespannt, was uns im nächsten Jahr erwartet.

Index

Führen Sie Ihr Unternehmen in eine erfolgreiche Zukunft

Florian Gold

DER KOMPASS FÜR IHR UNTERNEHMEN VON MORGEN
Selbst.Bewusst.Führen.® für Unternehmer und Entscheider
ISBN: 978-3-946931-07-2
Yggdrasil-Verlag

An der Spitze ist es einsam und die Luft dünn, heißt es. Und da ist was dran. Denn die Erwartungshaltung an die Unternehmens- und Geschäftsführung ist klar: Konkrete Entscheidungen treffen, Strategie und Orientierung vorgeben. Zu wissen, wohin es geht. Und im Zweifel auch, welcher Weg nun der richtige ist. Abteilungsübergreifend zusammenarbeiten. Strukturen vereinfachen. Sich auf Kunden konzentrieren. Die Kommunikation optimieren. Geschäftsmodelle überprüfen. Wachsen, ohne dabei Leitbild, Vision und Werte aus den Augen zu verlieren.
Doch wo fangen Sie an? Mit diesem Buch gibt Ihnen Florian Gold einen Einblick in die Beratungspraxis und schildert anhand vieler Praxisbeispiele, wie auch Sie mit Ihrem Unternehmen die komplexen Fragen der Unternehmensentwicklung zukunftsfähig und treffsicher beantworten können.